绿色环保 从我做起

节能减排

（全彩版）

赵冬梅　吴耀辉　主编

全国百佳图书出版单位

化学工业出版社

·北京·

“绿色环保从我做起”丛书包括《垃圾分类》《低碳生活》《生态文明》《节能减排》《生活节水》《远离雾霾》六个分册，采用科学的视角和生动的形式，对绿色环保行动进行了深入浅出的讲解，将一些看似熟悉却又陌生的知识融入有趣的漫画中，通过容易理解的趣味漫画，轻松地勾勒出绿色环保的新概念。

《节能减排》（全彩版）主要介绍了节能减排的基础知识，以及生活中、工业中和农业中的节能减排。

本书旨在普及环境保护知识，倡导绿色环保理念，适合所有对环保感兴趣的大众读者，尤其是青少年和儿童亲子阅读。

图书在版编目（CIP）数据

节能减排：全彩版 / 赵冬梅，吴耀辉主编. —北京：化学工业出版社，2020.1（2023.11重印）
（绿色环保从我做起）
ISBN 978-7-122-35884-4

Ⅰ.①节… Ⅱ.①赵…②吴… Ⅲ.①节能－青少年读物 Ⅳ.①TK01-49

中国版本图书馆CIP数据核字（2019）第291843号

责任编辑：刘　婧　刘兴春　　　　装帧设计：史利平
责任校对：宋　玮

出版发行：化学工业出版社（北京市东城区青年湖南街13号　邮政编码100011）
印　　装：涿州市般润文化传播有限公司
710mm×1000mm　1/16　印张 $7^1/_2$　字数100千字　2023年11月北京第1版第6次印刷

购书咨询：010-64518888　　　　售后服务：010-64518899
网　　址：http://www.cip.com.cn
凡购买本书，如有缺损质量问题，本社销售中心负责调换。

定　　价：38.00元

编写人员

主　　编： 赵冬梅　吴耀辉

参编人员：

王旅东　白雅君　江　洪　刘　洋
吕佳芮　李玉鹏　金　冶　高英杰
唐在林

“绿色环保”理念不只是一个口号，也是一种生活态度，更是一种有意识地节约资源的好习惯。现在全球都在提倡节能减排、绿色环保，那么我们应该如何做呢？为了满足读者的求知愿望，帮助读者认识和了解节能减排，我们重新修订了这本《节能减排》。

本书内容包括基础篇、生活篇、工业篇及农业篇。本次修订在原有的基础上增加了时下最新的内容，同时采用彩色印刷，更加形象、生动地将与“节能减排”有关的信息以直观、简明的方式体现出来，可读性强，适合所有对环保感兴趣的读者尤其是青少年和儿童亲子阅读。

在本书的编写过程中，编者参考了大量最新的文献与资料，在此谨对这些文献和资料的作者们表示衷心的感谢！

限于编者水平，加之编写时间仓促，本书疏漏和不足之处在所难免，恳请广大读者批评指正。

编者

2019 年 8 月

目录

第一章　基础篇

第二章　生活篇

第三章 工业篇

第四章 农业篇

第一章
基础篇

1. 节能减排的含义

节能减排概念有广义和狭义之分。广义而言，节能减排是指节约物质资源和能量资源，减少废弃物和环境有害物质（包括“三废”和噪声等）的排放；狭义而言，节能减排是指节约能源和减少环境有害物质的排放。

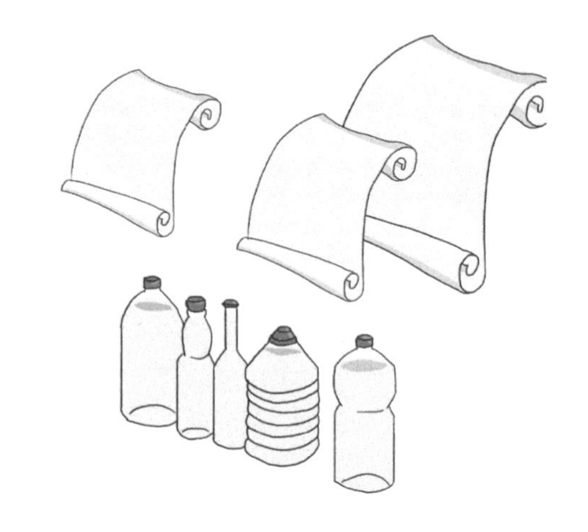

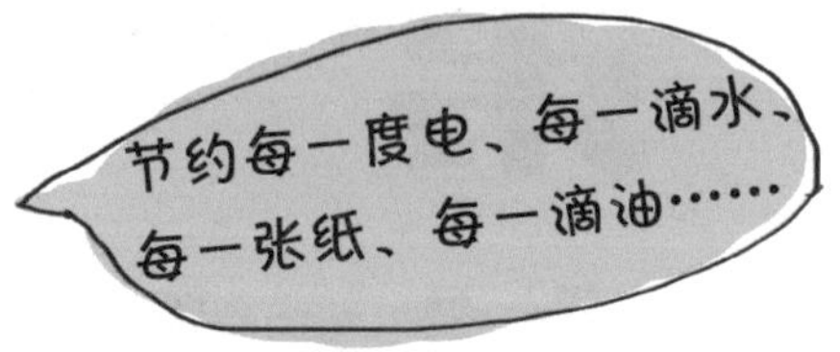

节能就是节约能源，减少能源消耗，这个很好理解，我们在工作、生活中节约每一度电、每一滴水、每一张纸、每一滴油等，都是在节能。

减排主要指的是减少工业生产中的污染物排放，也就是常说的减少“三废”——废气、废水、固体废弃物的排放。工业废气是工业企业在燃料燃烧和工业生产过程中排放的有毒有害气体，如二氧化碳、硫化氢、氮氧化物等。工业废水是在工业生产过程中产生的废水，分为生产废水和冷却废水。工业废水常含有大量有毒有害污染物，如重金属、强酸、强碱、有机化学毒物、油类污染物、放射性毒物等。

总的来说，节能减排就是节约能源、降低能源消耗、减少污染物排放。节能减排包括节能和减排两大技术领域。两者既有联系，又有区别。一般来说，节能必定减排，减排却未必节能，所以减排项目必须加强节能技术的应用，以避免因片面追求减排结果而造成能耗增加，要注重经济效益和环境效益的平衡。

2. 三大减排措施

三大减排措施即工程减排、结构减排和管理减排。

工程减排是指通过一系列治理工程的建设和运行，减少污染物排放，主要包括城镇污水处理、工业水污染防治、畜禽养殖污染防治等水污染物减排工程；电力行业烟气脱硫脱硝、钢铁行业烧结烟气脱硫、其他非电重点行业脱硫和工业锅炉脱硝等大气污染减排工程。

结构减排是指通过调整和优化产业结构，按照国家产业政策和有关规定，对那些能源消耗高、环境污染重，难以进行治理的企业予以关停取缔等，进而实现主要污染物总量减排。如淘汰电力、钢铁、建材、电解铝、铁合金、电石、焦炭、煤炭、平板玻璃等行业的落后产能，从工业结构上减少污染排放。

管理减排，主要是指加强环境执法监督、执法检查，加强环境质量监督与监测。对不按规定和标准治污减排的企业实行监督，对违反规定的企业实行严厉处罚。提高企业的实际治理污染能力和效果。

3. 节能减排与人类社会发展

工业革命以来，世界各国尤其是西方国家经济的飞速发展，是以大量消耗能源为代价的，造成了生态环境日益恶化。有关研究表明，过去 50 年全球平均气温上升，90% 以上与人类使用石油等燃料产生的温室气体增加有关，由此引发了一系列生态危机。节约能源，保护生态环境，已成为全世界人民的广泛共识。保护生态环境，发达国家应该承担更多的责任。发展中国家也要发挥后发优势，避免走发达国家“先污染、后治理”的老路。对于我国来讲，进一步加强节能减排工作，既是对人类社会发展规律认识的不断深化，也是积极应对全球气候变化的迫切需要，是树立负责任大国形象、走新型工业化道路的战略选择。

4. 节能减排与中国可持续发展

关于中国的能源状况，有一种说法是中国富煤、贫油、少气。实际上，煤炭资源虽然绝对数量庞大，但 1145 亿吨（2018 年）探明可采储量，只要除以 14 亿这个庞大的人口基数，人均资源占有量就会少得可怜。我国一年消费原油 3.2 亿吨，其中 1.5 亿吨来自进口。这就是说，即使将新发现的渤海湾大油田 10 亿吨储存量全部开采，也仅够我国用 3 年。目前，我国探明石油储量约 60 亿吨，仅够开采 20 年，刚好是世界平均 40 年的 1/2。我国节能的压力比世界上任何一个国家都要大。

我国不能像美国那样消耗能源。现在我国平均每人每年消耗石油 200 千克，美国平均每人每年消耗 3 吨。到 2020 年，中国大概将有 14 亿人口，如果像美国一样每人消耗 3 吨，那么一年就需要 42 亿吨石油，世界石油产量即使全部给中国都不够。因此我们必须走一条中国式新型工业化道路，建设资源节约型、环境友好型社会。

5. 应对资源减少必须节能减排

近年来，我国资源环境问题日益突出，节能减排形势十分严峻。我国人均水资源占有量仅为世界平均水平的 1/4，到 2030 年我国将成为世界上缺水最严重的国家之一。我国石油、天然气人均占有储量只有世界平均水平的 11% 和 4.5%，45 种矿产资源人均占有量不到世界平均水平的 1/2。

目前，我国能源利用效率比国际先进水平低 10 个百分点左右，单位 GDP 能耗是世界平均水平的 3 倍左右。环境形势更加严峻，主要污染物排放量超过环境承载能力，流经城市的河段普遍污染，土壤污染面积扩大，水土流失严重，生态环境总体恶化趋势仍未根本扭转。发达国家上百年出现的环境问题，近 20 多年来在我国集中出现。因此，传统的高投入、高消耗、高排放、低效率的增长方式已经走到尽头。不加快转变经济发展方式，资源会难以支撑，环境会难以容纳，社会会难以承受，科学发展也会难以实现。

6. 产品要用能效标准来约束

能源效率标准（以下简称“能效标准”），是规定产品能源性能的程序或法规。强制性能效标准，禁止能效低于国家能效标准最低值的产品在市场上销售。产品的能源性能的目标限定值是按照规定的测试程序确定的，分为指令性标准、

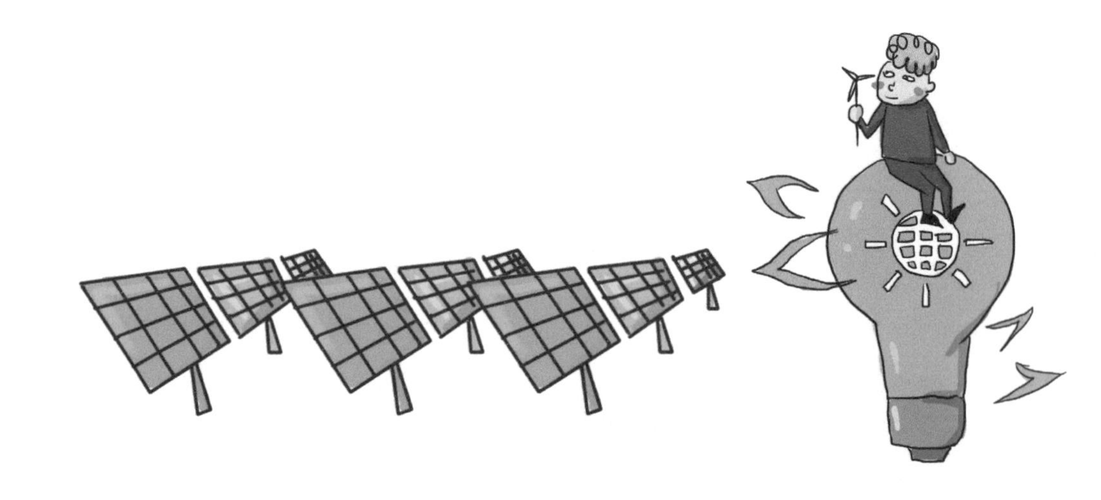

最低能源性能标准和平均能效标准三类。能效标准规定了强制性能效限定值、自愿性节能评价值；能效限定值的功能主要是淘汰落后产品；自愿性节能评价值的功能旨在鼓励制造商提高产品能效。作为终端用能设备和产品市场转换的一种有效工具，能效标准是检验产品能效、节约能源和保护环境的“度量衡”，有助于改善消费者福利，维护公平竞争和消除贸易壁垒。

我国目前共颁布终端用能产品能效标准 34 项，主要涉及家用电器、照明器具、商用设备、工业设备、办公设备和交通工具六大类产品。在节能标准方面，目前已颁布国家标准 230 余项，行业标准和地方标准总数达 500 余项。

7. 节能家电要用能源效率标识去监督

面对市场上五花八门的节能家电，作为一个普通人如何进行甄别和比较呢？能源效率标识可为解决这一难题提供帮助。

能源效率标识简称能效标识，是附在产品上的信息标签，一般粘贴在产品的正面面板上，显示的主要信息包括生产者名称、规格型号、能效等级、能耗指标和依据的国家标准号等信息。能效等级是判断产品节能效果的最重要指标，等级越高节能效果越好。

我国自 2005 年起实施了家用冰箱、空调能效标识制度，能源效率指标为 5 级。等级 1 表示产品能源效率达到国际先进水平；等级 2 表示产品能源效率高于我国市场的平均水平；等级 3 表示产品能源效率达到我国市场的平均水平；等级 4 表示产品能源效率低于市场的平均水平；等级 5 表示产品能耗高，属于末位将淘汰的产品。

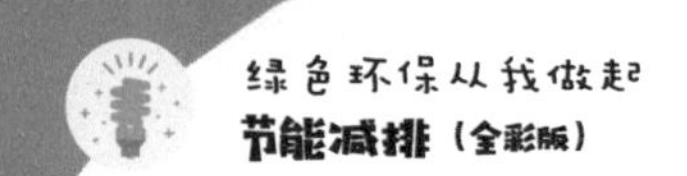

能效标识可分为保证性标识、比较性标识和单一性信息标识三类。保证性标识显示了特定的标准信息；比较性标识显示的信息可让用户对不同产品的节能效果进行比较，准确识别产品的节能性能；单一性信息标识只显示与产品性能有关的数据。能效标识提供了一个公认的能效基础，有利于鼓励用户购买能效高又省钱的产品，并通过消费者的要求，促使企业多生产物美价廉、能效高的产品。迄今全球已有 46 个国家和地区实施能效标识制度，美国“能源之星”的能效标识已覆盖 38 类 1.3 万种产品。

我国对家用电冰箱、房间空调器、电动洗衣机、燃气热水器、自整流荧光灯、高压钠灯、中小型三项异步电动机、单元式空调、冷水机组 9 类产品实施了能效标识制度。

第二章
生活篇

1. 尽量购买节能型家电

在选购家电的时候尽量购买节能型家电，如耗电量为 1 级或 2 级的电器。尽管有的节能家电比普通家电略贵一些，但是从节约能源的角度来看还是很值得购买的。有条件的家庭还可选购太阳能热水器、太阳能电池板等新型清洁能源电器。

2. 巧用洗衣机节能

确定洗衣时间

应根据衣物的数量、质地和脏污程度来确定洗衣时间。一般合成纤维和毛织品，洗涤 2 ~ 4 分钟；棉麻织物，洗涤 5 ~ 8 分钟；极脏的衣物，洗涤 10 ~ 12 分钟。洗涤后漂洗 3 ~ 4 分钟即可。相应地缩短洗衣时间不仅可以省电，而且还可延长洗衣机和衣物的使用寿命。甩干衣物时，一般勿超过 3 分钟，尼龙衣物 1 分钟足够。

合理选择洗涤功能

洗衣机有弱、中、强三挡洗涤功能，其耗电量也不一样。一般丝绸、毛料等高档衣料，只适合弱洗；棉布、混纺、化纤、涤纶等衣料，常采用中洗；只有厚绒毯、沙发布和帆布等织物才采用强洗。

集中洗涤

洗涤时最好采用集中洗涤的方法，即一桶含洗涤剂的水连续洗几批衣物，洗衣粉可适当增添，全部洗完后再逐一漂洗，这样可以省电、省水，还可节省洗涤时间。

及时维护保养

如洗衣机使用时间达 3 年以上，发现洗涤无力，应更换或调整洗涤电机皮带，需加油的地方应加入润滑油，使其运转良好，达到节电效果。洗衣机使用一段时间后，带动洗衣机的皮带波轮往往会打滑。皮带打滑时，洗衣机的用电量不会减少，但是洗衣的效果却变差。如果收紧洗衣机的皮带，就会恢复它原来的效果，达到节电的目的。

低泡洗衣粉可省电

优质低泡洗衣粉有极强的去污能力，漂洗还十分容易，一般比高泡洗衣粉少 1 ~ 2 次漂洗时间。

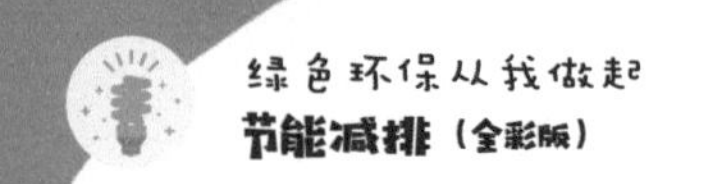

3. 巧用冰箱节能

家用电冰箱要放在通风良好、远离热源和太阳直射的地方，并在周围都留出一定空间方便散热，这样制冷快，还省电。

根据季节的变化、食物的种类和多少，合理调节冰箱温度控制器，冬季可调温至 1 挡，夏季可调至 4 挡，会更有利于节电。

冰箱内存放食物的量以占容积的 80% 为宜，放得过多或过少，都费电。食品之间、食品与冰箱之间应留有 1 厘米以上的空隙。

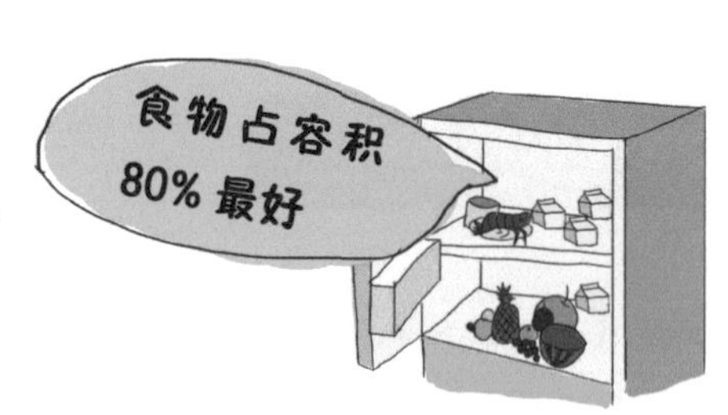

定期除霜和清除冷凝器及箱体表面灰尘，保证蒸发器和冷凝器的吸热和散热性能良好，可缩短压缩机工作时间，节约电能。

在使用的过程中避免频繁地开关门，并保证关紧冰箱门。如果因为没关紧冰箱门或冰箱门缝垫圈损坏的话，不但会缩短冰箱的使用寿命，还会增加5% ~ 10%的耗电量，因此应及时关紧或修理。

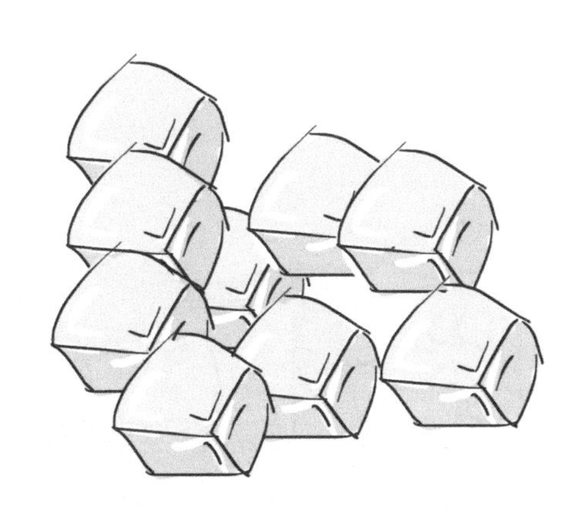

另外，还可以准备一些冰块放入冷藏室，这样一是可以帮助冷藏室降温，可以省电；二是在停电的时候可以保证一段时间内温度不会上升。同样的道理，流质食物和固体食物要封好，不要将热的食品放进冰箱内，这样会导致冰箱内温度上升，电量增加。

把从冰箱冷冻室里拿出来的冰冻食物自然解冻。很多人习惯将冰冻的食物用微波炉、水冲或水泡来解冻，但是如果在食用之前提前把食物拿出来放在室温下自然解冻，不但能省电还能省下很多水。当然，还可以放入冷藏室解冻，这样虽然慢一些，但是在解冻的同时还能降低冷藏室的温度，节电节能，一举两得。

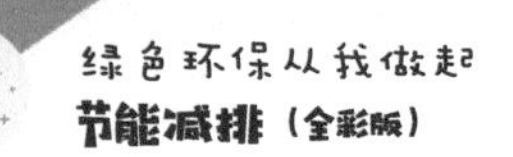

对于那些块头较大的食物，可根据家庭每次食用的分量分开包装。由于体积小容易冻透，用小包装比较省电，在存入冰箱前可按每次用量分成几份包装，然后再放入冰箱。每次只取出一次食用的量，而无需把大块食物都从冰箱里取出来，用不完再放回去。避免反复冷冻浪费电力，破坏食物。

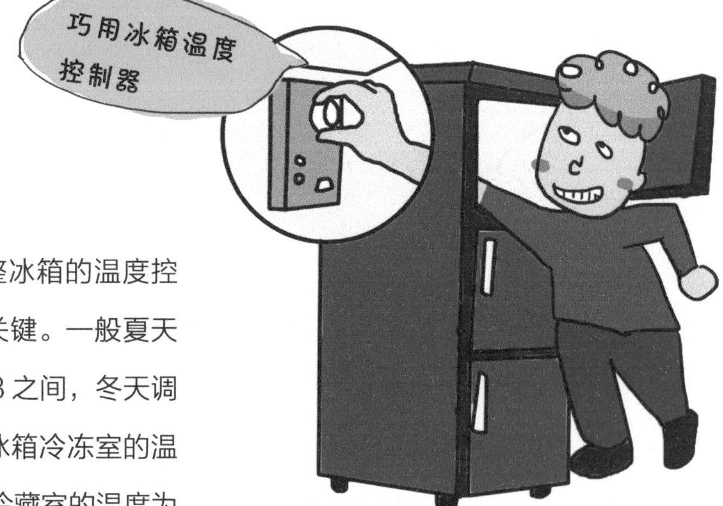

根据季节及时调整冰箱的温度控制器，是冰箱省电的关键。一般夏天将温控旋钮调到 2 ~ 3 之间，冬天调到 1 ~ 2 之间，此时冰箱冷冻室的温度为 -15 ~ -12℃，冷藏室的温度为 6 ~ 8℃。

4. 巧用空调节能

空调开1小时约会排放二氧化碳0.621千克，功率越大的空调碳排放量越大，所以我们在节能的同时也在减排。

将空调设定在适当的温度。空调在制冷时，设定温度每高2℃就可节电20%。

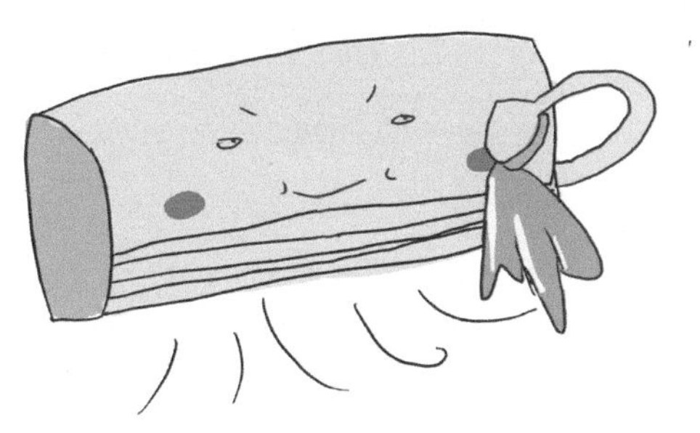

注意保持空调本身的清洁，特别是过滤网要常清洗。太多的灰尘会塞住网孔，使空调工作费电。

装修时注意改进房间的结构。要使房间的门窗保持良好的密封。对一些老式的房间，门窗缝隙较大的，可做一些应急性改善。例如用胶水纸带封住窗缝、给门窗粘贴密封条等。室内墙壁贴木制板或塑料板，在墙内外涂刷白色涂料等，都可减少通过外墙带来的冷气损耗。

避免太阳直射，可节电约 5%。

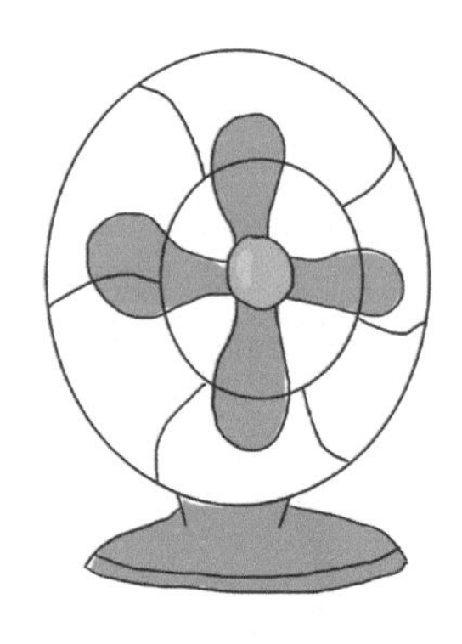

合理运用电风扇，加强室内的空气流动，可以有效增强制冷的效果。有的房间较大或者形状狭长，普通的空调由于送风距离不够远，影响房间的整体制冷效果，电风扇可在这种情况下大显身手。

连接室内机和室外机的空调配管尽量短且不弯曲，即使不得已必须要弯曲的话，也要保持配管处于水平位置。

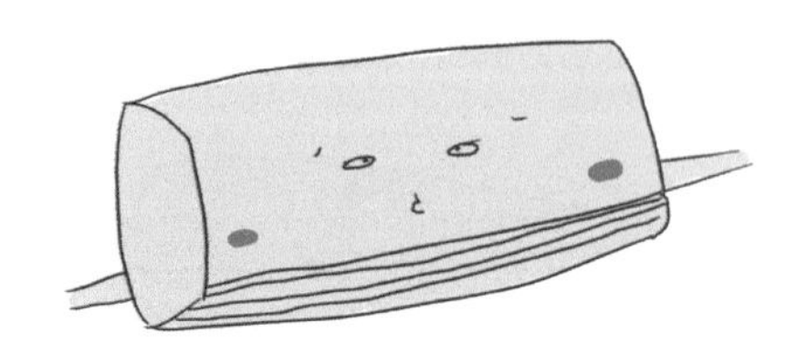

出风口保持顺畅。不要堆放大件家具阻挡散热，以避免无谓耗电。最值得注意的是，空调省不省电，要看每款空调的能效比，能效比越高越节能。

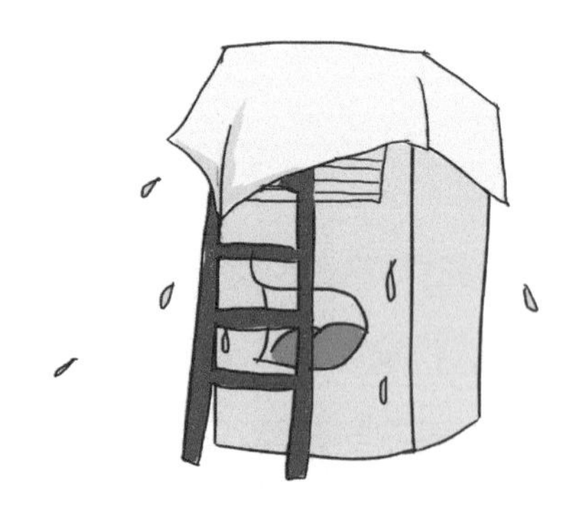

壁挂机安装的位置稍高些，柜机的导风板的位置调整为水平略向上的方向，都会令制冷的效果更好。

户外机的安装位置也很重要。最好安装在阴暗、通风良好的地方，因为空调机其实是个“热量”搬运器，制冷时，是把室内的热量搬到室外，所以，室外机在温度低的环境中散热自然良好，室内的制冷效果也就更好。

每两周清洗空调空气过滤网一次。空气过滤网太脏易造成电力浪费，且不利于健康。

每次在出门前 10 分钟就可以关闭空调了，在这段时间内房间温度不会那么快回升。

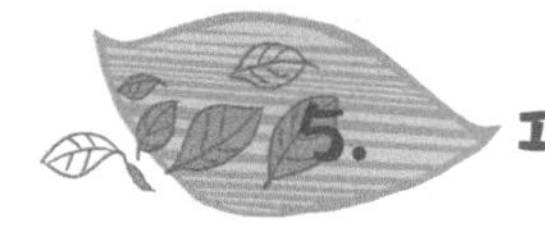

5. 巧用热水器节能

安装热水器时应尽量靠近热水使用处，避免因供水管道过长而带来的热损失。

使用热水器时，应根据不同季节灵活设定温度，以达到节能的目的。洗澡用的贮水式电热水器温度一般设定在 50 ～ 60℃比较合适，夏天的时候，热水器的温度可以调得相对低一些。

最好使用淋浴，因为淋浴比盆浴可节约 50% 的水量及电量，可降低 2/3 的费用。

热水器使用一段时间后，里面常常会结垢，这些水垢会影响到热水器的加热效率，延长烧水的时间，电耗自然也会随之增加。一般在热水器使用 3 ~ 4 年的时候，可请专业人员上门清洗一次。

6. 巧用微波炉节能

微波炉每小时约耗电 1 度（千瓦时），排放二氧化碳 0.785 千克。微波炉加热较干的食品时要加水，然后搅拌均匀，加热前用保鲜膜覆盖或者包好，或使用有盖、耐热的玻璃器皿加热。每次加热或烹调的食品以不超过 0.5 千克为宜，最好切成小块，量多时应分时段加热，中间加以搅拌。尽可能使用“高火”。微波炉比燃气更环保节能。对同等重量的食品进行加热对比试验，结果证明微波炉比电炉节能 65%，比煤气灶节能 40%。

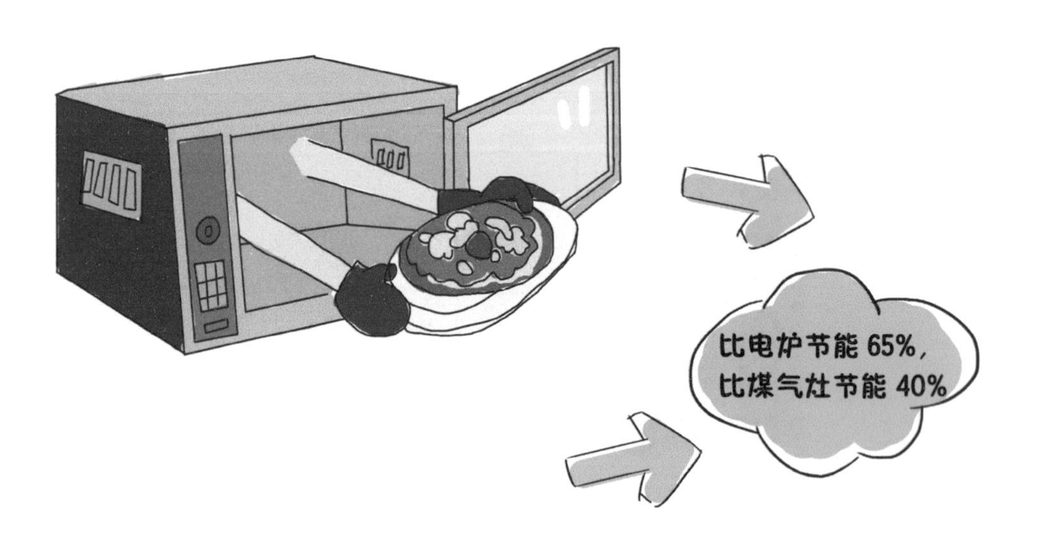

7. 巧用电视节能

一般来说，40 英寸（1 英寸≈ 2.54 厘米）和 42 英寸的电视每小时耗电 0.19 ~ 0.25 度（千瓦时），46 ~ 52 英寸的电视每小时耗电 0.26 ~ 0.31 度（千瓦时），而 65 英寸的电视平均每小时耗电量竟然有 0.56 度（千瓦时）。因此，我们在购买的时候最好根据房间的大小来选择电视大小，否则只会增加不必要的碳排放而已。

电视的亮度和音量都应调得低一些，只要看着舒服，听得清楚就行了，因为电视的亮度和音量都是和耗电量成正比的，电视图像最亮状态比最暗状态多耗电 50% ~ 80%。有的人比较爱干净，喜欢在电视机上搭上一块布防尘，看电视的时候也不拿下来，其实是很不科学的，这样很不利于电视的散热，不但会增大耗电量还会缩短电视的寿命，要常常除尘，让它们保持良好的通风和散热。VCD、DVD 等电器也是一样的。

收看电视节目时，不要频繁开关电视。如果电源电压变化过大，最好用稳压器。白天要避免阳光直射电视屏幕。看完电视后，不能只用遥控器关机，而要及时关掉电视上的电源。因为遥控关机时，电视仍处在整机待机状态，电视仍然在耗电。

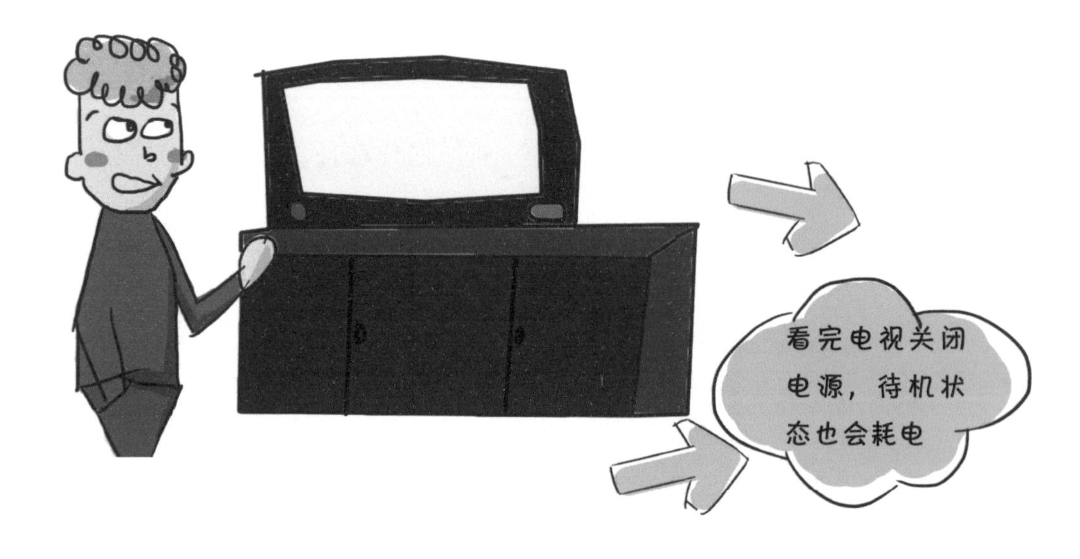

每天少开半小时电视，每台电视每年可节电约 20 度，相应减排二氧化碳 15.7 千克。如果全国有十分之一的电视每天减少半小时的开机时间，那么全国每年可节省电约 7 亿度，相应减排二氧化碳 55 万吨。

8. 巧用电脑节能

除了空调、电热水器外，现在日常生活中最耗电的应该就是电脑了。即使是在关机状态下，只要没有把电源插座拔掉，电脑也依然在耗电。因此，平时用完电脑后要正常关机，应拔下电源插头或关闭电源接线板上的开关，不要让其处于通电状态。

不用的外设像打印机、音箱等要及时关掉。像光驱、软驱、网卡、声卡等暂时不用的设备可以在 BIOS 里屏蔽掉。使用 CPU 降温软件。降低显示器亮度。在做文字编辑时，将背景调暗些，节能的同时还可以保护视力、减轻眼睛的疲劳。当电脑在播放音乐、小说等单一音频文件时，可以彻底关闭显示器。电脑经常保养，注意防潮、防尘，保持环境清洁，定期清除机内灰尘，擦拭屏幕，既可延长电脑的使用寿命，又能省电。

9. 巧用饮水机节能

根据节能专家解释，饮水机接通电源后，其储冷或储热槽里的冷热能量会受外界温度的影响而散失，这期间，电热线和压缩机就会间歇运转，以补充散失的热量。如此一来，只可以保持恒温，并不能提高温度。若接通饮水机的电源，即使不用耗电量也会增加。因此不用的时候最好把插头拔下来。饮水机内部水垢需要及时清理，以免水垢影响电热盘的传热效率，增加耗电量。

10. 巧用电饭煲节电

提前淘米并浸泡 10 分钟，然后再用电饭锅煮，可加快饭熟的速度，节电约 10%。电饭锅煮好饭后应立即拔下插头，因为当锅内温度下降到 70℃以下时，它会断断续续地自动通电，既费电又会缩短其使用寿命。还有在使用完小家电后一定要随手关闭电源，否则仍然会消耗电能。切勿把电饭锅当电水壶用，同样功率的电饭锅和电水壶烧 1 壶开水，电水壶只需用 5 ~ 6 分钟，而电饭锅需要 20 分钟左右。电饭锅底盘和锅底应保持清洁，如有污渍应擦拭干净或用细砂纸轻轻打磨干净，以免影响热量传递效率，从而提高功效更节电。

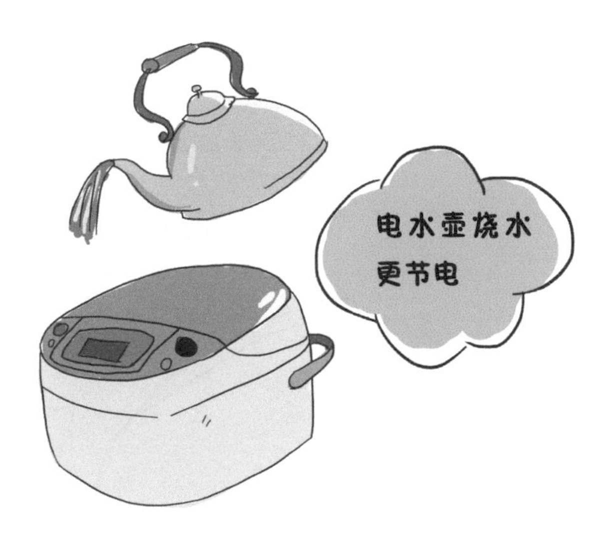

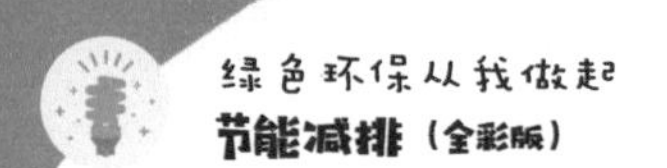

11. 家庭照明节能

为家庭选择照明设备时尽量选择高效照明（高亮度、小功率）的节能灯具。在保证满足有效的照明和亮度的前提下，合理选择电光源和灯具，可以起到节能作用。

★ 为避免不必要的电力浪费，尽量为每盏灯设置开关，以便灯具可以单开单关。

★ 尽量减少灯的开关次数，每开关一次，灯的寿命大约降低 3 天。

★ 节能灯与同样亮度的白炽灯相比，可以节电 80% 以上。

一个 8 瓦节能灯的照明效果超过 60 瓦的普通灯泡，而且节能灯的使用寿命可达 8000 小时，为白炽灯的 8 ~ 10 倍。

★照明灯具安装的高度会影响照明效果。照明灯具装得越低，照度越高。

★日光灯使用一段时间后两端会变黑，照明度降低。可以把灯管取下，将两端接触极颠倒一下。这样不仅可以延长日光灯管的寿命，还可以提高照明度。

★楼道照明尽量采用声控节电装置。房内无人时应记住熄灯。看电视时，只亮所需电灯，既能节省电能又能保护视力。

★为夜间使用方便，卫生间灯具往往保持开启状态，为卫生间安装感应照明灯具，可有效节电。

12. 其他小家电节能

电风扇节能

电风扇在运转时摩擦阻力越小，越省电。因此应尽量选择那些采用全封闭电机和航空润滑油的电风扇。电风扇能直接将电能转化为动能，耗电量低，相当于一盏普通照明台灯。因此盛夏季节使用电风扇是节能的最佳选择。将空调搭配电风扇同时使用，并且设定空调温度为 27 ~ 28℃，配以电风扇辅助，舒适又省电。电风扇的耗电量与扇叶的转速成正比。在风量满足使用要求的情况下，尽量使用中速挡或低速挡。在使用时，先开高速挡，在达到降温目的后，采用中、低速挡以减少电风扇耗电。

电熨斗节能

一般家用电熨斗功率 500 ~ 700 瓦便足够使用，选择购买达到温度时能自动断电的调温电熨斗，不仅节能，还能保证熨烫衣服的质量。在电熨斗刚刚通电的时候熨烫尼龙、涤纶等不

耐高温的化纤衣物，待温度升高后，再熨烫丝绸、棉麻、羊毛等天然纤维织物，最后熨烫所需温度较高的衣服和厚实的织物。断电后，再利用余热烫不耐高温的衣物，这样可节电20% 左右。

吹风机节能

洗发后，如果头发上还有很多水，先用毛巾将头发擦干些，再使用吹风机，可以节省吹发时间和降低热风的强度，从而达到降低能耗的目的。使用时，为避免阻碍冷热风的流通导致风压的增加，降低风机的效率和使用寿命，应避免让异物掉入吹风机内，或堵塞吹风机的进出风口。此外，应定期清理吹风机的进出风口。

吸尘器节能

吸尘器在使用后，过滤袋中的灰尘若不及时清除，会减弱吸尘器的吸力，降低吸尘效果，增加耗电量。为达到最佳的清洁效果，缩短吸物时间，应依据不同情况选择不同类型吸嘴。为避免损坏电机，不要长时间连续使用吸尘器，一般不超过 2h，这样可以维持最佳吸力，提高工作效率。

13. 住宅节能

窗户节能

窗户散热主要有两个途径：一是窗户包括窗框和玻璃的传热耗热；二是窗户缝隙的冷风渗透。为减少采暖建筑的热能耗散，一是通过窗户加层，改用热导率较小的框料以及阻断热桥等措施，减小窗户的传热系数，增强保温性能；二是通过改善窗户制作安装精度、加装密封条等办法，减少空气渗漏，减少冷风渗透耗热量。

安装遮阳设施

在窗户外安装遮阳设施，可以使住宅的隔热性能大大提高，夏季需要空调降温的时间相应减少。

巧用窗帘保温隔热

晚上开空调、暖气时，关闭窗户，将厚窗帘拉上，保温隔热效果更好。在炎热的夏季，早上出门前将窗户关上，将厚窗帘拉上，尽量减少室外热量进入室内；晚上回到家中，室外温度降低，再打开窗户，拉开窗帘，保持通风。

合理利用自然光

在房屋装修过程中，应充分利用自然，增加自然光照明，以相应减少室内照明用电。

屋顶绿化降温效果好

绿化屋顶可以降低室内温度，实验证明，绿化的屋顶可以使室内温度下降4～6℃。因此，有条件的别墅住户或住宅顶层用户可以通过屋顶绿化的方式降低室内温度。

14. 洗衣节水妙招

洗衣机洗少量衣服时，水位若定得太高，衣服在高水位的水里漂来漂去，互相之间缺少摩擦，反而洗不干净，还浪费水。

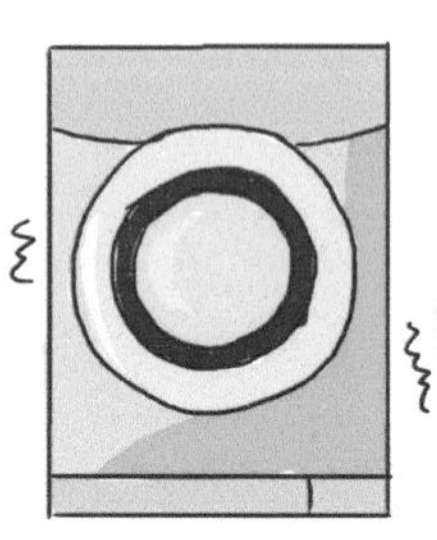

衣服太少不洗，等积累多了以后集中起来洗，也是省水的办法。

如果将漂洗的水留下来作为下一批衣服洗涤用水，一次可以省下 30 ~ 40 升清水。

洗衣机里排出来的污水还可以再利用起来拖地或刷马桶。

能不用洗衣机就不用，减少洗衣机使用频率，尽量不使用全自动模式，并且手洗小件衣物。

手洗衣服既节水又节电还锻炼身体。

15. 洗澡节水妙招

洗澡是在家庭生活中用水量比较大的一件事情，我们虽然不能不洗澡，但是也可以在洗澡的过程中尽可能地省水。

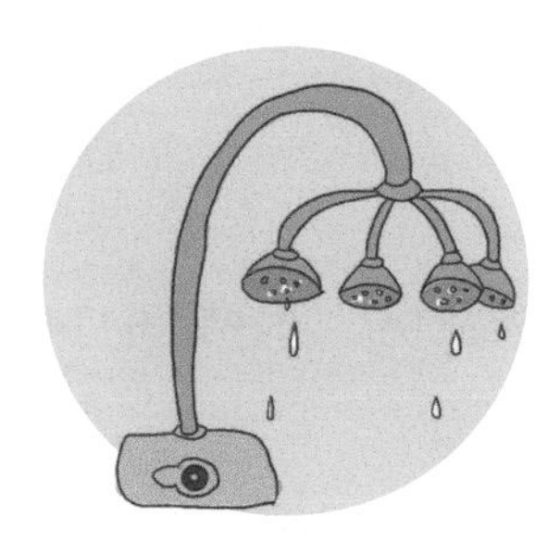

尽可能地选择淋浴，避免使用浴缸。如果实在要用浴缸的话那就记得将洗澡水用来拖地或者冲厕所。

可以安装一个低流量的莲蓬头，将出水量控制在一个比较小的范围内，不要将喷头的水自始至终地开着。

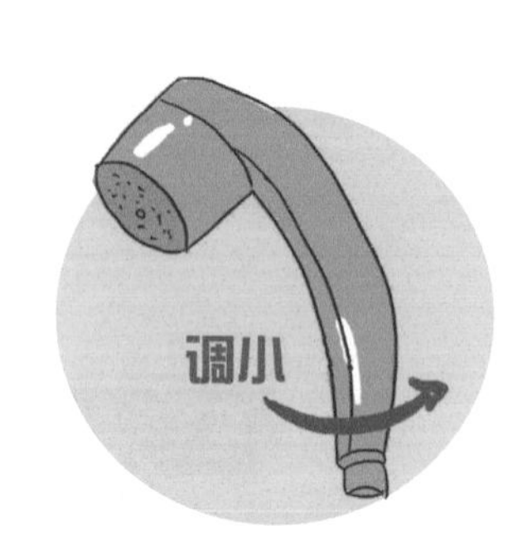

控制洗澡的时间，一般在 15 分钟左右比较适宜，如果你 1 次要洗 1 个小时，那么不管安装多么节能的莲蓬头都是没有用的。洗澡的同时还可以放一个盆或桶在脚边，等你洗完的时候就能盛满水，可以用来拖地、冲厕所等。

用喷头淋浴，尽可能先从头到脚淋湿一下，然后全身涂肥皂搓洗，最后一次冲洗干净；不要单独洗头、洗上身、洗下身和脚。

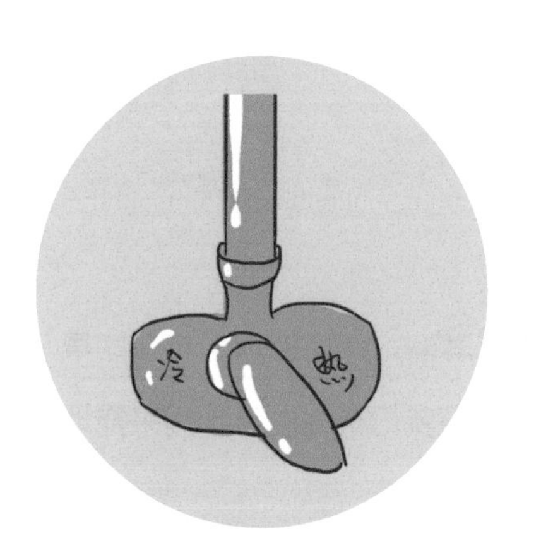

学会调节冷热水比例，调好后再打开水开始洗澡。

16. 厕所节水妙招

你如果觉得厕所的水箱过大，可以在水箱里放一块砖头或一只装满水的大饮料瓶，以减少每一次的冲水量。当然，需注意，砖头或饮料瓶放得不要妨碍水箱部件的运动。

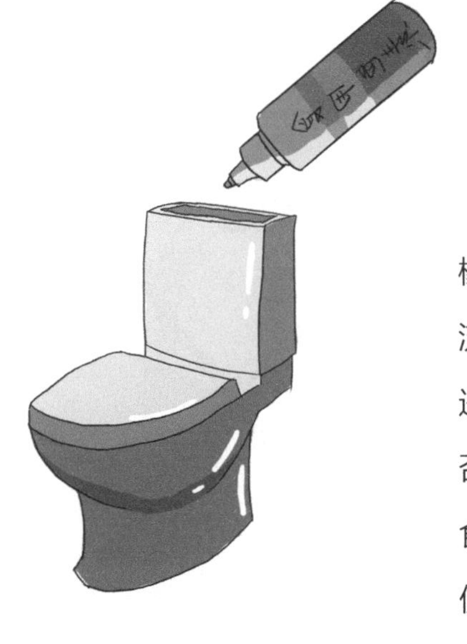

马桶水箱漏水是常见的问题，进水口止水橡皮不严，灌水不止，水满以后就会从溢流孔流走；出水口止水橡皮不严，就会不停流走水，进水管不停地进水，要及时修好。检查水箱是否漏水有一个简单的办法：在水箱中滴入几滴食用色素，等 20 分钟（要确定这段时间内没人使用马桶），如果有有颜色的水流入马桶，就表示水箱在漏水，需要及时修理了。

用收集的家庭生活废水冲厕所，可以一水多用，节约清水。

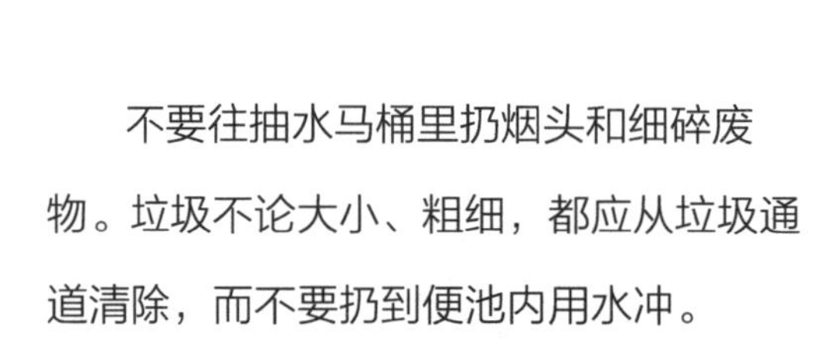

不要往抽水马桶里扔烟头和细碎废物。垃圾不论大小、粗细，都应从垃圾通道清除，而不要扔到便池内用水冲。

选马桶时尽量选节能马桶。现在市面上有很多节能省水的马桶，虽然价格比一般的马桶稍高一些，但是每次冲水却能比一般马桶节约约 1/3 的水量，从节约水资源的角度考虑还是应尽量选择安装节能马桶。

在洗手间里刷牙、洗脸、洗手、洗澡的时候不要一直开着水龙头。有的人习惯在刷牙、洗脸、洗手或洗澡的时候一直开着水龙头，实际上在你没有用到水的时候，清水已经白白地流走了很多。正如公益广告中所说，在刷牙、洗脸的时候顺手关上水龙头，1 个人 1 年可以省下 25 个浴缸的水量。

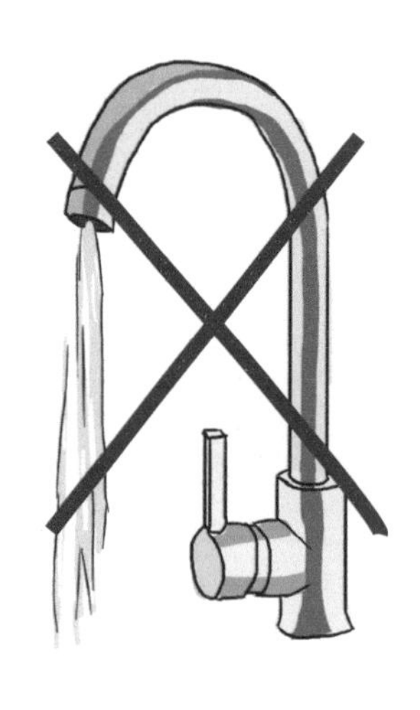

17. 厨房节水妙招

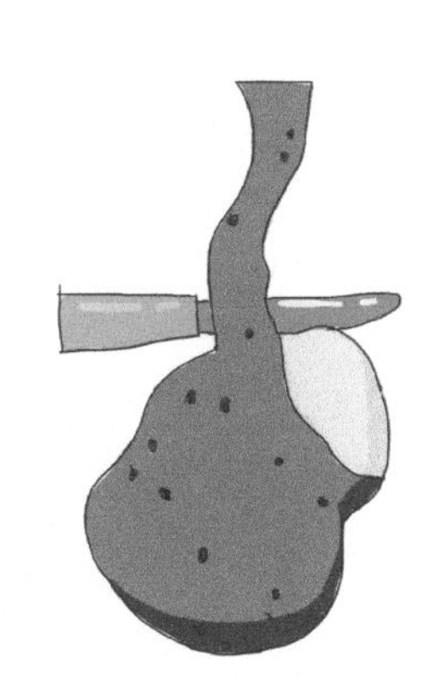

洗蔬菜时，不要在水龙头下直接进行清洗，尽量放入盛水容器中，并调整清洗顺序。例如可以先对有皮的蔬菜进行去皮、去泥，然后再进行清洗；先清洗叶类、果类蔬菜，然后清洗根茎类蔬菜。洗菜时也应当避免水龙头一直开着。

家里洗餐具，最好先用纸把餐具上的油污擦去，再用热水洗一遍，最后用温水或冷水冲洗干净。

洗碗一次洗多个比单个洗更省水省劲。不是说非得把好几顿饭用过的碗筷攒到一起洗，而是把很多碗一次性用洗涤灵洗完后再一起清洗，能更省力省水。

淘过米的水，人们通常都会随手倒掉，那就太可惜了，我们不妨把它集中起来洗菜、洗碗用。因为淘米水具有去油、去污的作用，使用它既环保又可节水，两全其美。

空调也能节水。把空调排水管引到屋内，接一个水桶，问题解决了，而且水量还很可观呢，2 小时接了 1 升水。这些水可用来浇花、洗手、冲厕所等。

18. 其他节水妙招

用鱼缸换出来的水浇花，比其他浇花水更有营养。喝剩的茶用于擦洗门窗和家具效果也非常好。

充分利用浴前冷水也能省不少钱。在用热水洗浴前要流失不少干净冷水，这样可就太浪费了，不妨在洗澡前先准备一个水桶接冷水，待热水过来后再开始洗浴。

有好多小区水压较高，打开水龙头时水流速快，洗手也能看到水表在飞速转动，不妨采用调整自来水阀门的办法来控制水压，这样一年也能节约相当可观量的水。

用洗米水、煮面水洗碗筷，可节省生活用水及减少洗涤灵的使用量；也可用洗衣水、洗澡水等来洗车等。

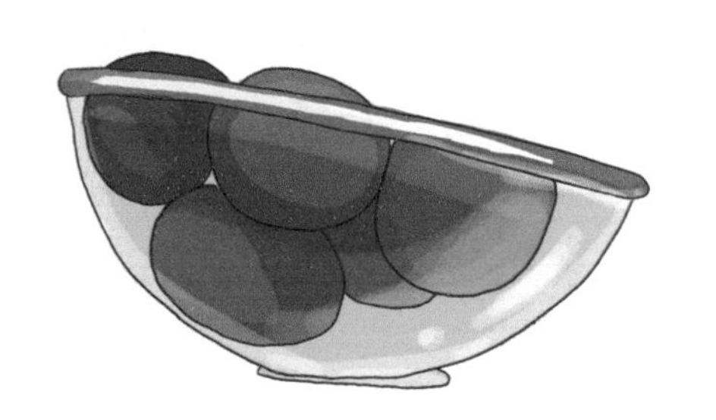

用洗涤灵清洗瓜果蔬菜，需要用清水冲洗几次，才能放心吃，可改用盐浸泡消毒，只冲洗一遍就够了。

将全转式水龙头换装成 1/4 转水龙头，缩短水龙头开闭的时间就能减少水的流失量。

尽量把家里的水龙头换成节能水龙头。

如果条件允许，平常可以收集雨水，一水多用。下雨的时候，有条件的话可以放一个盆或桶等容器在室外，这样就能收集雨水，然后用来浇花、擦地等。洗手、洗衣服以后的水可以用来擦地、冲厕所；加湿器、净水机里面残留的水也可以收集起来进行二次利用，凡是你能够想到的能重复利用水资源的事情都值得去做，因为我们省的不仅是钱，也是有限的水资源。

19. 厨房节气技巧

我国煤多气少，所以天然气是非常珍贵的能源。但是城市里许多家庭并没有意识到这一点，家庭厨房中天然气浪费现象比比皆是，这不仅浪费了宝贵的资源，相应的排放也增加了。可见，节省厨房的燃气，省下的不仅仅是钱，还有宝贵的资源，并能减少排放。厨房节气也有很多方法和技巧，大家不妨一试。

选用适当的炊具可节气

一般来说，直径大的平底锅受热面积比较大，要比圆底锅更节省煤气。

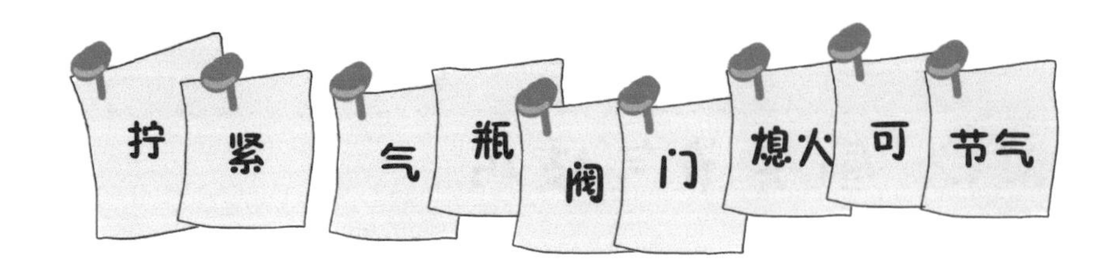

用完燃气后，首先应拧紧气瓶的阀门，再关燃气炉。若先关燃气炉，再去拧紧气瓶的阀门，这时由于气压的存在，瓶内液化气还会往上跑，不仅浪费，还容易造成漏气，带来安全隐患。

因为潮湿的环境很容易使金属气瓶腐蚀，一旦气瓶的某个部位过度腐蚀，局部气压一大就会出现穿孔，轻则漏气，重则带来用气安全隐患。

要常疏通燃烧器，保持灶具的清洁和供气管的畅通，特别要注意防止阀门和管道漏气。检查的方法是将肥皂水涂抹在连接处，若有气泡鼓出就说明连接处漏气。

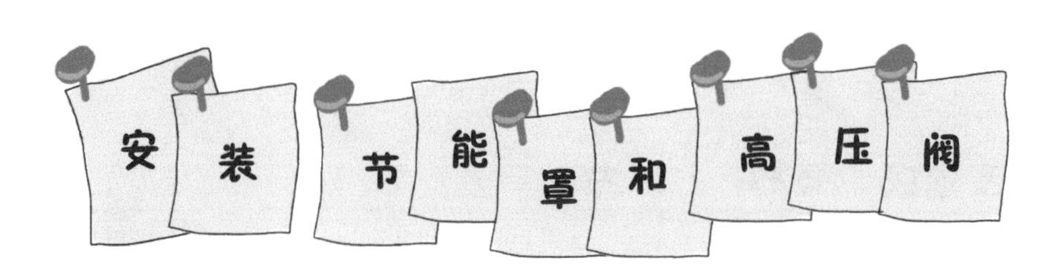

原来能用 40 天左右的 15 千克装液化气，装上节能罩和高压阀后，能用近 2 个月，而且气瓶内的气残留少。

开始下锅炒菜时，火要大些，火焰要覆盖锅底；菜熟时，就及时调小火焰；盛菜时火减到最小，直到第二道菜下锅再将火调大。这样节省煤气，也减少空烧造成的油烟污染。

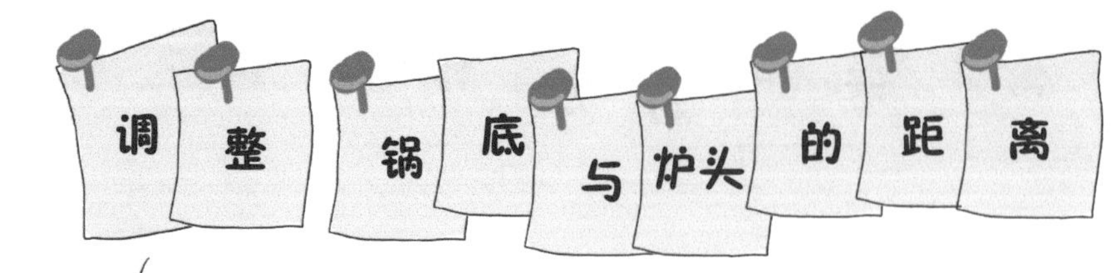

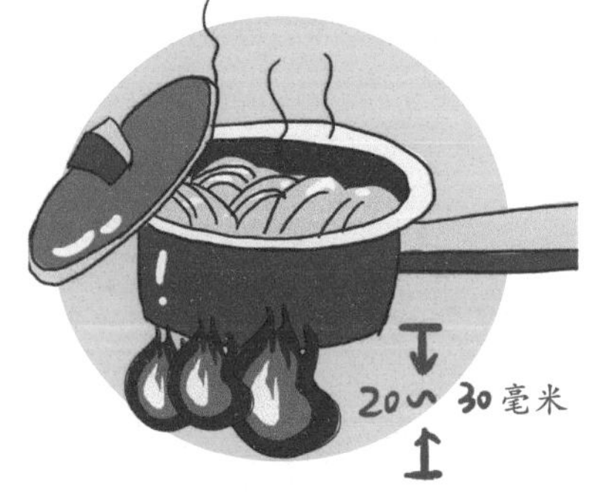

火焰的外焰温度最高，调整锅底与炉头的距离，使之保持在 20 ~ 30 毫米为宜，这样就可充分利用外焰的高温加热，并有利于液化气的充分燃烧，可以达到节气的目的。

要注意保持锅底清洁，特别是铁锅用久了，锅底会积上一层黑色的脏物，这种东西既不雅观，又会起到隔热隔火的作用，因此要定期把它刮掉。

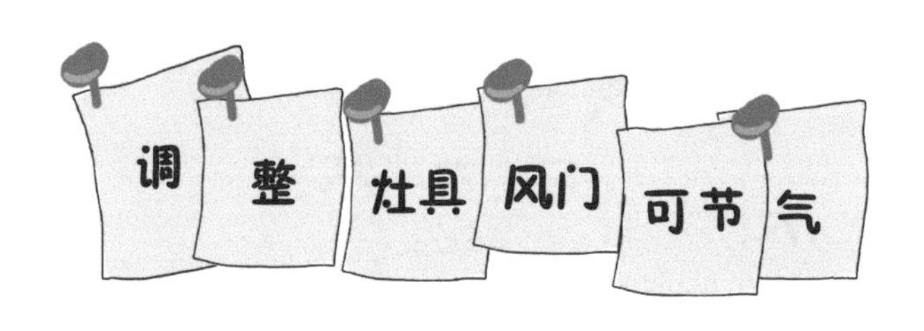

燃气燃烧不充分时，必然要浪费更多的燃气。如果灶台上的火焰呈红黄色，表明缺氧；产生脱火现象则表明空气过多。此时，可适当调整灶具风门，待火焰清晰，燃烧稳定，火焰为纯蓝色时表示燃烧充分。

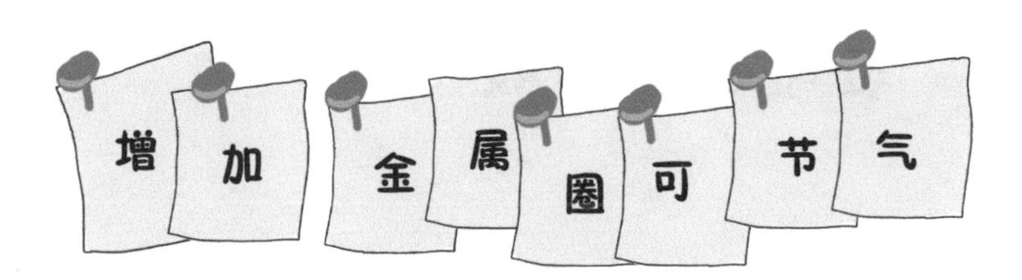

方法很简单，在炊具的外面，加一个比炊具底直径略大（与炊具壁保持 5 毫米的空隙）、高 3 ~ 5 厘米的金属圈。这样，就能使燃气燃烧时的高温气体除对锅底加热外，还能沿锅上升，提高热量的利用率，节省天然气。

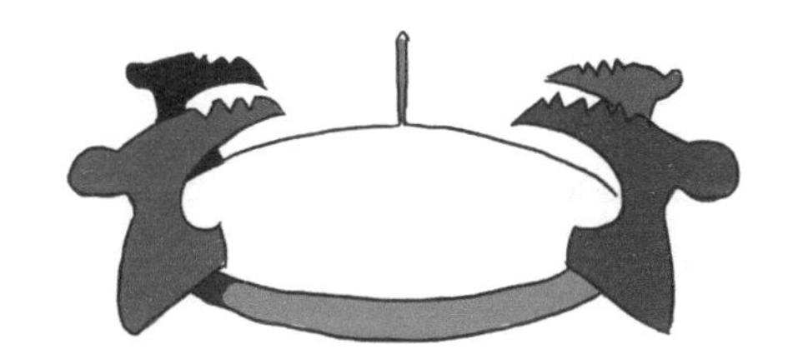

使用高压锅煮东西时，达到高压就把火关小，直至煮得差不多熟就提前 10 分钟关火，但不要立刻打开冷却，里面的蒸汽可以继续加热食物。

20. 垃圾分类回收

垃圾分类是将垃圾按可回收再使用和不可回收再使用的方法进行分类。人们每天会产生大量的垃圾，大量的垃圾未经分类回收并任意弃置会造成环境污染。垃圾分类就是在源头将垃圾分类投放，并通过分类的清运和回收使之重新变成资源。

在我国，垃圾可以分为四大类。

可回收物：再生利用价值较高，能进入废品回收渠道的垃圾。

厨余垃圾：厨房产生的食物类垃圾以及果皮等。

有害垃圾：含有毒有害化学物质的垃圾。

其他垃圾：除可回收物、厨余垃圾、有害垃圾之外的所有垃圾的总称。

在国外，垃圾通常分为三大类：第一类是废报刊、纸和纸包装等废物；第二类是塑料、玻璃、金属包装等废物；第三类是需要做焚烧处理消灭的废物。德国实行的“黄桶绿点”包装废物回收系统很有特色，所谓“绿点”就是在商品包装上印有统一的“绿点”标志，表明此商品的生产商已为该商品及包装物的

回收支付了处置费用，消费者不必再为此类废物回收缴纳费用。所有带“绿点”标志的商品，在居民弃之不用的时候，可投放到有特殊标志的黄色塑料桶中，经营“绿点”系统的公司会派出专人定时收取。由于“绿点”回收系统在德国获得了成功，奥地利、法国和比利时等欧洲国家纷纷效仿，已有 11 个欧洲国家加入了这一行列，欧盟还在布鲁塞尔设立了欧洲包装物回收组织。

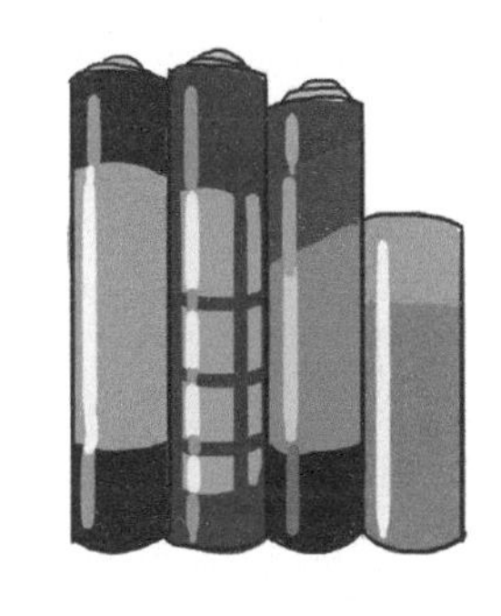

德国还有一种自助与集中回收垃圾运送的系统。在社区内设置的无人值守的公共垃圾回收站，各家各户每隔一段时间便把日常积攒起来的废玻璃类、废塑料类、废报纸类等废物送到这里，分别投进相应的垃圾箱；有关人员会定期把这些垃圾运走集中处置。

美国旧金山有另外一种垃圾回收方式——“路边回收”。市民可随手将玻璃、塑料、废纸等袋装垃圾放在路边，有关人员会定时回收这些垃圾，进行集中处置。

21. 残羹剩饭生产有机肥

近年来厨余垃圾的处理处置已成为许多国家城市垃圾填埋场所面临的一个严重问题，也是社会关注的焦点。与废金属、塑料等垃圾不同，厨余垃圾埋入地下会迅速分解，在无氧环境下产生甲烷等多种气体，甲烷的温室效应比二氧化碳高 23 倍。全球每年由垃圾产生的甲烷排放量估计已达 7000 万吨。

为了回收再利用这些垃圾，采用堆肥方式处理是一条有效途径。在过去几年中，美国旧金山提供了厨余垃圾路边回收服务，对居民和餐馆放到路边的厨余垃圾进行集中回收，运往垃圾处理厂进行堆肥，50% 左右的居民以及数千家餐馆参与了路边回收行动，提供这一服务的还有西雅图、多伦多，波特兰等城市也在考虑提供这种服务。旧金山利用厨余垃圾生产的堆肥已出售给了 200 多个葡萄园。美国最大的堆肥厂每年可处理厨余垃圾 4 万吨。此前约占生活垃圾 30% 的吃剩“外卖”，有很大一部分被倒入排泄管道冲掉，或随生活垃圾被送到了垃圾场填埋。

人们都知道废塑料、废纸、废金属和废玻璃等垃圾应该回收利用。而在厨余垃圾回收再利用领域，也存在巨大空间与机遇，再也不能只把这些东西当作简单的垃圾看待，它们可在发电、提炼生物油等许多方面做出非常多的贡献。

22. 采用绿色包装

尽管包装中所含污染物的渗出量很有限，但长期食用包装物包装的食品也会给人体健康带来不良影响。因此，选择绿色包装会使人从健康的消费方式中受益。

目前在发展绿色包装方面，主要是开发替代传统塑料、钢铁和木材等包装物的纸包装。国外研制成功了一种超薄包装用纸膜，其厚度只有几微米，强度大、抗撕扯、不渗水、易于封口，可广泛应用于包装直接入口的糖果、点心等食品，特别是这种纸膜的生物降解速度很快，在自然环境条件下很快就可被降解。

传统纸张、天然竹、木制品等未经漂白等化学处理，是比较安全的包装物。科技水平的不断提高，为绿色包装带来了美好的发展前景，生物降解塑料、光解塑料和天然高分子塑料等新型包装物的开发应用，将为人类提供更多的绿色包装选择。

绿色包装从原料到产品加工过程无污染，可循环使用或再生利用，废弃后在自然环境条件即可降解。在保证产品基本使用功能的前提下，突出了资源再生和环境保护两大功能，所追求的是用料节约资源，加工过程减少污染和废物产生，可重复使用并易于回收，能再生为

生产原材料，对生态环境和人体健康无害。随着绿色技术不断更新，衡量绿色包装的具体标准也会有所调整，但其总体内涵是非常明确的。

23. 出行节能减排小窍门

拼车出行

拼车出行是指私家车主在不影响自己出行的情况下，顺路捎带他人到达目的地的行为。拼车时车主可收取少量车费。拼车出行可有效减少机动车使用，节省燃油，减少污染物排放。

选用节油车型

私家车的日常开销主要是燃油，节油从选购车型开始。一般来说，小排量汽车适合家用；普通家用车比运动型车及跑车更省油；新款轿车发动机节油性能较好，可尽量选购新款车型。

选择浅色车型

选择颜色较浅的车色和内装，可以减少烈日下车身吸热，降低车载冷气负荷，达到节省燃油的目的。

选择低阻车型

购车时，应尽量选择造型圆润、线条流畅的车型，这样车身风阻系数小，油耗也会显著下降。

燃油回路加装节油器

使用节油器可提高燃料燃烧率，节省 5% ~ 10% 的燃油费用；同时能够消除发动机积炭现象，从而延长发动机寿命，使发动机功率输出更加平稳，减少 20% 的有害尾气排放。

采用汽车隔热措施

汽车隔热最立竿见影的措施就是配置具有高隔热性能的汽车玻璃贴膜，如吸收热量的薄膜、反光式的金属薄膜、光谱选择性金属薄膜、光谱选择性陶瓷薄膜等。在炎热的夏天，这种做法可使车内温度降低 5 ~ 10℃，大大降低了车内空调负荷及油耗。

定期保养发动机空气滤清器

空气滤清器的保养方法十分简便，定期拆开空气滤清器的盖子，取出滤芯查看，如脏得不厉害，用一小棍子轻轻敲敲滤芯，掸去污垢即可；若脏得很厉害，就要换新的滤芯了。

清除发动机积炭

发动机燃烧室积炭太多，容易引起燃烧室内可燃混合气自燃，造成发动机功率下降，增加油耗。因此，在二级保养和因其他原因拆卸汽缸盖时，应顺便认真清除燃烧室和活塞顶部的积炭，减少不必要的油耗。

定期活化蓄电池

蓄电池电量不足会增加整车运行的油耗。每 2 ~ 3 个月对蓄电池进行一次“活化”处理，可恢复 96% 以上的蓄电池容量，并使蓄电池达到其设计使用寿命。

维护消声器

由于消声器是安装在排气管中的，因此它多少都会阻碍废气的排出，消耗部分功率。如果消声器损坏，则会进一步阻碍废气的排出，增加油耗。在平时车辆行驶过程中，要注意消声器的防锈工作，如在消声器内部加涂防锈油等。

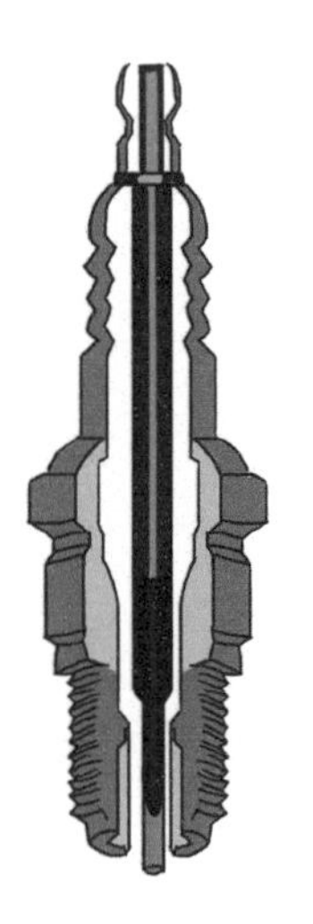

定期更换火花塞

火花塞能将高压电引进发动机的气缸内，在电极间产生火花，点燃混合气。火花塞的工作状态、火花塞间隙的大小以及积炭的多少，都会直接影响汽车功率和耗油量。一般来说，每行驶 4 万千米就要考虑更换火花塞，使发动机处于最佳状态，减少能耗。

定期保养发动机

发动机长久失调会多耗燃油，因此要定期对发动机进行预防性保养。

用黏度最低的发动机油

发动机油的黏度越低，引擎就越“省力”，油耗也就越低。因此，尽量选用低黏度的发动机油可以达到省油的目的。查看一下汽车说明书，一般都有汽车所能用的最低黏度发动机油的说明。

保持冷却水箱的清洁，定期更换机油

水箱中积存杂质过多、机油不足都会导致散热不畅及摩擦增大，影响发动机功效，增加油耗。因此，需要定期给水箱换水，及时更换机油、“三芯”等，以保证通风口畅通。

使用汽油清净剂

对于使用年限较长的汽车来说，使用汽油清净剂带来的节油效果比较明显。而对新车来说，汽油清净剂也能保持新车燃油系统油路顺畅，保持喷油嘴、进气阀清洁，使新车油耗长期保持在最佳水平。

轮胎越窄越省油

车轮阻力与轮胎宽度密切相关，轮胎宽度大则车轮的阻力也相应增大。因此除非的确很需要额外的抓地能力，否则不要随意增加轮胎宽度，以免增加油耗。

车身勤保养

车身出现凹陷等形变会增加汽车行驶过程中遇到的气流阻力，从而增加油耗。因此要勤于保养车身，使其保持良好状态。另外，有些华而不实的装饰品也同样会增加汽车行驶的阻力，增加油耗。

规划路线好出行

走错路或走弯路不但浪费燃料，而且浪费时间。因此要养成出行前预先规划好行车路线的习惯。

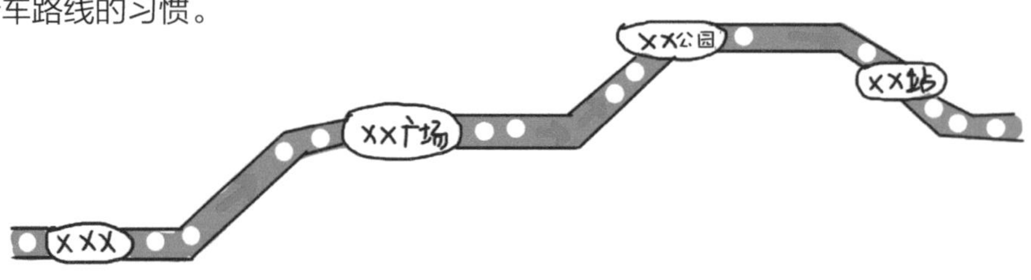

根据路况巧驾车

驾车上坡时应衡量一下车子的负重和路面的坡度，不要一下把油门踩到底而导致用油过多。下坡时多使用低挡辅以制动，既可避免车速提升过高，也可以降低对制动的损耗，降低油耗。

交通堵塞难行进，停车即熄火

节油试验证明，发动机空转 3 分钟的油耗可以让汽车行驶 1 千米。为了避免发动机空转耗油，在交通堵塞难以行进的时候，超过 3 分钟的堵塞，或是前面被堵车辆不见头的情况都应熄火等待。

避免低速挡长时间行驶

汽车在行驶时，只有发动机、加速踏板、挡位三位一体配合默契方能输出最佳动力。“超前”或“滞后”的挡位都将形成“拖挡”，增加油耗。所以，行车时要尽量避免低速挡行驶，一旦条件允许，就要用上高速挡位，并将时速保持在中速，这种状况下汽车最省油。

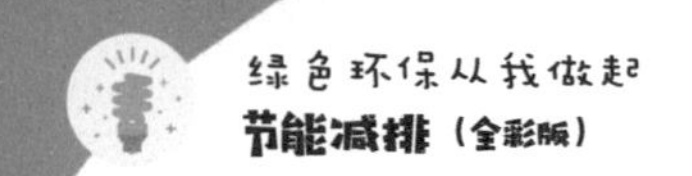

不要超速行驶

汽车行驶过程中，都有自己的经济车速，在此车速下行驶耗油量最低。对于一般汽车而言，80 千米的时速是最省油的速度，每增加 1 千米的时速耗油量就增加 0.5%。

避免车辆超载

统计显示，汽车在超载行驶时，每增加 1 千克的负荷，将增加 1% 的油耗。因此，一定要避免超载。

清理后备箱

后备箱杂物过多，会增加车辆重量，过重的车辆在行驶时会更费油。

保持正常胎压

轮胎气压不足时滚动阻力会大大增加，轮胎偏移或磨损过度也可能使油耗增加。因此需要定期检查胎压，并根据需要进行轮胎更换。

柔踩油门

汽车行进要加油，加油一定要“柔”。一辆车耗不耗油，很大程度上取决于驾车者的加油方法。想省油，柔踩油门是关键，切忌猛踩猛踏，否则发动机在瞬间高速运转，造成用油量增加。

保持车距

城市交通中由于红绿灯较多，造成车辆频繁启停。车辆行驶过程中要与前车保持足够的距离，这样在前车突然制动时自己能有足够的反应时间，不必频繁制动，既安全又省油。

高速行驶关车窗

车辆在高速行驶过程中，空气阻力相当大，是油耗增加的主要原因。如无必要，在高速行驶时尽量不要打开车窗，这样可以减少风阻，达到省油的目的。

根据标号选择匹配燃油

车用汽油的标号是根据它们的辛烷值单位来规定的，但同时还有其他指标如抗爆性、安定性、蒸发性和腐蚀性等。使用与车匹配的燃油可节省燃料，延长发动机寿命，同时减少汽车尾气的污染。

加油适量

如果汽车基本上只在市区行驶，且加油比较方便，则加油时不必一次加满。加足满满一箱油会增加自重，徒增油耗。特别是新车，不要第一次就一下子加满油，因为这有可能会使油浮及传感器失灵，导致油表失真。

选用节水方式洗车

普通水枪洗一辆车需要 100 升水，造成很大水资源浪费，建议尽量选用节水方式洗车，如高压水枪洗车、微水洗车、蒸汽洗车、干洗等方式，以降低用水量，可节水 60% ~ 80%。

通信工具节能小窍门

冬季携带手机使用振动功能

冬春季气温低，人们往往穿得很厚实，如果在户外活动时携带手机，有电话打进来，铃声往往不容易听见，这样手机振铃响的时间过长，并且手机接通率也低，造成手机电量消耗。

安静场所宜使用短铃提醒功能

一般手机都具有长短两种电话铃声的功能设置，在安静场所或干扰很少的环境中使用手机时，设置较短的电话铃声，在电话打进来时，既可省电，又可以减少铃声对环境的干扰。

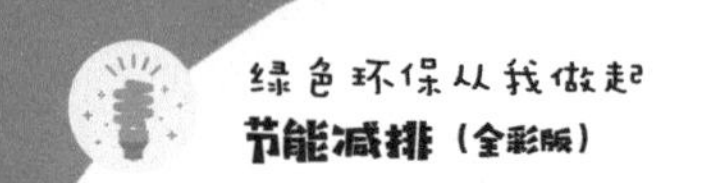

最好不用液晶显示屏和按键的照明

使用手机的时候，要尽量关闭液晶显示屏和按键的照明功能，以便省电。在夜长昼短的季节，应尽量在明亮或有光线的地方使用手机，一般可选择关闭显示屏或手机按键的照明功能，以减少电耗。

在通信信号弱的地方关机

在通信信号较弱的地方，如在混凝土浇筑的建筑物室内，手机拼命要“抓”住网络信号，电池的电“流”得特别快，很快就会耗尽电池电量。

移动途中尽量不使用手机

手机在从一个网络节点移向另一个节点，在不断搜索、连接到新地区的通信网络时，手机电池的电也在悄悄地消耗着。

注意保护手机电池

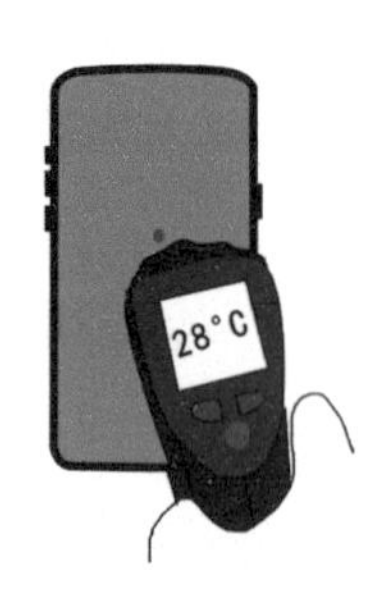

一般来说，手机电池适应的温度为 10 ~ 40℃，最好在这个温度范围内使用手机。在过冷或过热的环境中使用，不利于手机电池发挥更大效能，更不会达到最长的通话或待机时间。

慢充电

充电时尽量以慢充方式充电，减少快充方式。充电前，锂电池不需要专门放电，放电不当反而会损坏电池。镍镉电池充电前必须保证电池完全没有余电，充电时必须保证电池充足电。

关闭手机再充电

在充电的过程中，如果有外来电话，可能会产生瞬间回流电流，对手机内部的零件造成损坏，因此，开机充电会缩短手机寿命。

充电勿超时

手机电池充电不是时间越长越好，电池充电时间过长会因为过度消耗能量并发热，影响性能，缩短电池使用寿命。

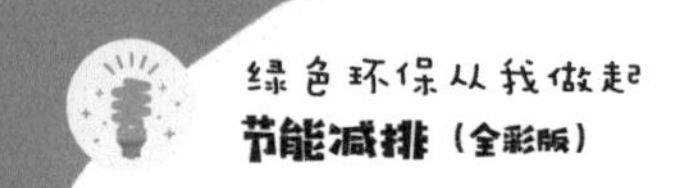

减少充电次数

电池的充放电次数是一定的，为延长手机的使用寿命，应尽量避免电池有余电时充电。在每次充电时，还要确保电池电量被充满后再进行使用，这样能防止手机待机时间缩短。

存放避免高温严寒

避免将电池暴露在高温或严寒处，如经受烈日的暴晒，或拿到空调房中放在冷气直吹的地方。这些都会加速电池内部材料和电解液的老化，影响电池的使用寿命和效果。

手机电池闲置时的保养

长时间闲置的手机电池都存在自放电现象，长期不用时，应使电池和手机分离，以减轻电池电能消耗。同时将电池放置在干燥、阴凉的地方保存。

使用专用充电器和专用插座

锂离子电池必须选用专用充电器，尽量使用原厂或声誉较好品牌的充电器，否则可能会达不到饱和状态，影响其性能发挥。在给电池充电时应尽量使用专用插座，不要将充电器与电视机等家电共用同一插座，这样会造成电压的波动，影响充电效率和家电的电池使用寿命。

调节手机背景灯

缩短节电保护等待时间和背景灯时间。在白天，可以关闭手机的背景灯。彩屏机的 LCD 也是耗电大户，虽然它们看起来很漂亮，但那些动画式的待机图片、3D 菜单界面，都会让手机电池更快用完，在可以接受的前提下，尽可能降低屏幕的亮度，并且不要经常开启它的背光灯，可充分节约电能，并延长电池的使用寿命。

调节手机铃声

在室内可以调低铃声音量，关闭振动提示功能，可以最大限度地节约电能。

减少不重要功能使用

手机中的每一项功能，都是需要消耗电量的，为了节省有限的电池电量，少用附加功能，如用手机玩游戏、上网、听歌、看小说等。另外，注意缩短通话时间，也可以延长充电周期。

定时开关机

每天晚上定时关机，早上定时开机，不仅节电，还可以使电池有休整的时间，延长其使用寿命。

恶劣天气中少用手机

在雷雨、台风等恶劣天气条件下，手机会通过加大功率的方法来保证信号的正确传送，而加大功率的直接后果是导致手机耗电量加大，缩短待机时间。

避免在密封环境下使用手机

在地下室、公交车或密封性比较好的室内环境中进行通话时，手机需要提高功率来确保信号能正常穿透天花板、墙壁或其他遮挡物，功率的提高是以多耗电能为代价的，这样也会多耗费手机电池的电量。

乘车时少用手机

乘车时，由于车移动的速度较快，手机从一个网络节点移向另一个节点，手机会不断地搜索、重新连接到新地区的通信网络，这样需要消耗很多电能，而如果这时使用手机，就会加重手机电池的负担，不仅耗能大，而且影响电池的使用寿命。

减少手机翻盖次数

由于折叠手机在翻盖过程中不断地导通和切换电路，这样也会消耗较多的电能，因此，要尽量减少翻盖次数，用耳机接听电话不失为一个好方法。

第三章
工业篇

1. 倡导清洁生产

清洁生产是指不断采取改进设计、使用清洁的能源和原料、采用先进的工艺技术与设备、改善管理、综合利用等措施，从源头削减污染，提高资源利用效率，减少或者避免生产、服务和产品使用过程中污染物的产生和排放，以减轻或者消除对人类健康和环境的危害。通俗地讲，清洁生产不是把注意力放在末端，而是将节能减排的压力消解在产品生产全过程。

清洁生产的观念主要强调清洁能源、清洁生产过程和清洁产品 3 点。具体如下。

清洁能源

包括开发节能技术，尽可能开发利用再生能源以及合理利用常规能源。

清洁生产过程

包括尽可能不用或少用有毒有害原料和中间产品。对原材料和中间产品进行回收，改善管理、提高效率。

清洁产品

包括以不危害人体健康和生态环境为主导因素来考虑产品的制造过程甚至使用之后的回收利用，减少原材料和能源使用。

清洁生产的核心是“节能、降耗、减污、增效”。作为一种全新的发展战略，清洁生产改变了过去被动、滞后的污染控制手段，强调在污染发生之前就进行削减。这种方式不仅可以减轻末端治理的负担，而且有效避免了末端治理的弊端，是控制环境污染的有效手段。

清洁生产的具体措施包括：不断改进生产工艺设计；使用清洁的能源和原料；采用先进的工艺技术与设备；改善管理；资源综合利用；从源头削减污染，提高资源利用效率；减少或者避免生产、服务和产品使用过程中污染物的产生和排放。

加强水循环利用

目前，世界面临着严重的水危机，我国的水资源短缺问题与世界相比更加突出。我国是一个干旱、缺水严重的国家，淡水资源总量为27960亿立方米，占全球水资源的6%，仅次于巴西、俄罗斯、加拿大，居世界第四位。但人均只有2004立方米，仅为世界平均水平的1/4，在世界上名列第121位，是世界上13个人均水资源最贫乏的国家之一，可见节约用水势在必行。

工业企业不仅是用水大户，更是污水排放的大户，节水减排是实现可持续发展非解决不可的大事。所以，利用节水技术减少清洁水的消耗、加强生产车间水的循环利用、降低生产水耗、减少污水、废水排放，都是紧要而急迫的任务，是每一个工业企业都需要努力去解决的问题。

其实，现在的水循环利用技术已经有很多种，都可以收到很好的水循环再利用效果，对于减少污水、废水的排放都非常有用。

3. 变废为宝，不浪费资源

有很多大企业，实力雄厚，发展迅猛，对于生产经营过程中产生的很多废弃物资源并不太在意，认为这对于企业来说算不得什么，不值得为这些废品处理处置操心，致使大量的资源浪费掉了。

不要轻视那些不起眼的小浪费，更不要把那些所谓的“废品”扔掉，有些东西看似是无用的“废品”，只要我们去合理地利用，它们就会成为闪光的“宝贝”。这才是现在我们提倡的循环经济的真谛。

不仅仅是“废品”可以变废为宝，增产节能，降耗减排，还有废置闲置的一些资产也可以利用起来，发挥它们最大的效用，节省能源，减少排放，同时还能为企业增收，为员工谋利。

企业闲置的固定资产，如一些厂房、设备、机器等，可以从多个方面入手来全面盘活。

4. 环保汽车新概念

太阳能汽车

太阳能汽车——以从太阳能转换的电能为动力的汽车。通过太阳能电磁板将太阳能转化为电能储存于蓄电池，利用蓄电池所释放的电能来驱动汽车。太阳能汽车无污染、无噪声，是未来汽车的主要发展方向之一。

燃料电池汽车

燃料电池汽车——以燃料与氧化剂化学反应所释放电能为动力的汽车。氢燃料电池是 21 世纪绿色汽车创新的核心技术，对汽车工业的革命性意义相当于微处理器对计算机的革命意义。氢与氧反应唯一的生成物是水，氢燃料电池汽车无污染、高效率，是绿色汽车中的佼佼者。这种汽车的发展前景广阔，但能否实现产业化的关键在于能否开发出经济性良好的燃料电池。

交变磁场汽车

交变磁场汽车——以磁电为动力的汽车。根据交变磁场的原理设计，汽车轮毂上装有固定电磁铁，前后轮轴上装有小型高效率磁铁发电机，利用通电后产生的交变磁场驱动车轮转动。这种汽车最高速度可达 70 千米 / 小时，而能耗、噪声却大为降低。

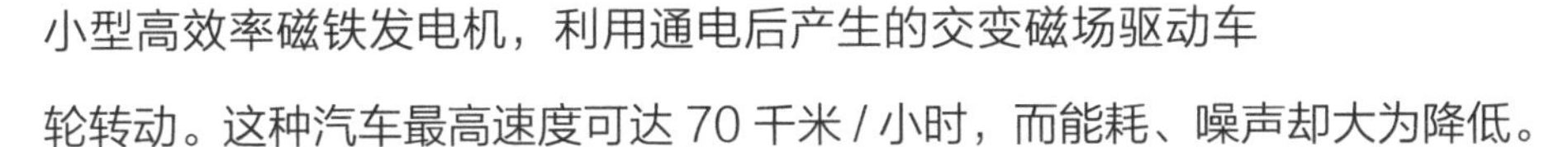

压缩空气汽车

压缩空气汽车——以压缩空气为动力的汽车。安装有压缩气瓶和特制的发动机，直接用压缩空气来驱动车辆前进。压缩空气汽车与风力汽车比较接近，但相对而言其运行更简便、经济。

乙醇汽车

乙醇汽车——以乙醇燃料为动力的汽车。柴油发动机采用加入 5% 的点火添加剂的纯乙醇为燃料，就能按照柴油发动机的工作原理高效运转起来，是未来纯乙醇汽车最理想的解决方案。乙醇汽油是在汽油中勾兑一定比例酒精混合而成的，可有效减少汽车尾气中有害物质的排放。

液化石油气和压缩天然气汽车——液化石油气和压缩天然气是汽油和柴油的替代燃料，可减排一氧化碳80% ~ 85%、烃类化合物50% ~ 70%。这种替代燃料汽车属环保汽车的过渡类型。

5. 环保运载工具简介

全电动汽车

美国研制的这种汽车是一款全电动敞篷跑车，由 6831 块锂电池组成的电池组驱动。一次充电不超过 4 小时，充一次电可行驶 320 多千米，从 0 加速到 96 千米 / 小时只需 4 秒钟。此车不排放任何污染物。

风力汽车

美国研制的这种汽车以风为动力。此车的外形与普通汽车相似，主要区别仅仅是在车顶上装有风车。风车可利用来自不同方向的风，即使风很小也能使风车转动，带动汽车内的小型发电机发电。发电机所产生的电流被蓄电池储存起来，需要的时候可用蓄电池所储存的电能来驱动汽车。

空气动力汽车

印度有望开发出一种特殊燃料汽车。这种汽车仅以空气为燃料，动力系统由压缩空气瓶构成。行驶时依靠压缩空气驱动车辆前进，对周围环境没有任何污染。这种车的车身用玻璃纤维打造非常轻便，总重量只有 350 千克。据说，这款五人座的汽车，不久就会面世。

水力汽车

日本研制的这种汽车以水为燃料。此车加 1 升水即可以 80 千米 / 小时的速度行驶 1 小时，更令人惊讶的是所用水并不一定是纯净水，雨水、河水或海水等任何水均可，只要不断加水就可以继续行驶，而且不排放二氧化碳。

此车的动力系统使用了一种名为膜电极组的技术，可以将水通过化学反应分解为氢气和氧气，利用水分子分解过程产生的电力来推动汽车前进。这一化学过程类似于氢化金属和水反应产生氢气，这种技术效率比现有的技术效率更高、成本更低，能让水产生氢气的时间更长。

这一系统类似于氢燃料电池但又有所不同，只需水和空气就能制造出氢气，可以不用再配备贮存高压氢的“油”箱，膜电极组不需要特殊的催化剂，而只需一些稀有金属。其基本工作原理为：在燃料极侧使金属或金属化合物与水发生化学反应提取氢气。其特点是通过控制金属或金属化合物的反应，以达到长时间使用的目的。

仿生汽车

美国研制的这种汽车，车头形状采用模拟鱼类头骨的结构设计，大大削弱了汽车在行驶过程中所遇到的空气阻力。车身结构设计和所选用的涂料模仿了鱼类的体形和鱼鳞的颜色。动力系统采用的是耗油量极小的柴油发动机，平均100千米油耗仅为4.3升，以90千米/小时的速度行驶的百千米油耗只有2.8升。

令人感到更新奇的是这种汽车能“吃”掉自身产生的尾气。此车装有世界上独一无二的选择性催化还原降解装置，这一装置会在汽车产生尾气时，自动向尾气排放系统喷射一种特殊的化学制剂，可将尾气中80%的有害气体分解。

木制汽车

全球首辆木制超级赛车在美国问世。此车轮毂、底盘和车身分别为木材、薄胶合板和枫木、胶合板，以及中密度纤维板等材料制造，重量比轻型保时捷汽车还轻 240 千克。最大功率比保时捷大功率跑车大近 2 倍，速度可在 3 秒内从静止加速到 96.56 千米 / 小时。

竹制汽车

日本研制的这种汽车的外壳是用竹条编成的，以锂电池为动力，充一次电可行驶 50 千米。利用民用电在家即可为车用锂电池充电。这种单座汽车的重量只有 60 千克。

全塑料汽车

英国研制的这种汽车除发动机和坐椅外，整车的部件完全由塑料制成，坐椅也采用防水设计，因此即使下大雨也可放心地将车停在户外，不用担心车体生锈的问题。更有意思的是此车采用皮带传动，没有变速箱使得倒车与前进时速度一样快。这种车是全球第一种采用前后对称设计的汽车，大幅度降低了设计和生产成本。

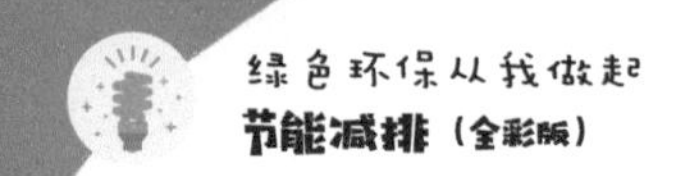

这种车没有顶篷和车门，前挡风玻璃也只有普通汽车面积的1/2；全重 370 千克，只有普通汽车重量的 1/3；最快速度可达100 千米 / 小时。目前该种车已经开始在英国销售。

电动自行车

英国研制的这款车克服了传统电动自行车蓄电池太重、行程太短等缺陷。由于采用了质量轻、效率高的新型蓄电池，此车行驶里程更远。

传统电动自行车使用的铅酸蓄电池，质量大、效率低、充电时间长。这种新型电动自行车使用的是锂电池，体积小、质量小，可方便地放在后车架上，一次充电的时间只需 4 ～ 6 小时，即使仅充电 2 小时也能蓄电达 80%，用 5 块一组的锂电池可持续骑行 160 千米。

此车在车把上装有显示屏，可显示锂电池的电量和行驶里程，让骑车者心中有数。

电动高速列车

新型国产“和谐号”CRH3 型动车组呈流线型，降低了动车组的空气阻力和噪声。这种列车在京津城际高速铁路上曾创造了速度达 394.3 千米 / 小时的世界纪录，可谓当今世界运营的速度最快的列车。

动车组为 4 动 4 拖的 8 辆编排，采用电力驱动方式牵引。车体采用轻型铝合金材料焊接而成，运用寿命可达 20 年以上。车厢内的各种界面、装饰采用了环保材料，对挥发性有害气体的控制达到了欧洲环保标准，特别是安装了真空处理系统，可对各种废水、废物进行集中收集，实现了“零排放”。

风筝货轮

全球第一艘借助巨型风筝拉动的 132 米长的货轮在德国下水，且已完成了 12000 海里（22224 千米）远航。

此艘万吨货轮除了装配提供常规动力的系统外，还安装了巨型风帆动力系统提供部分动力。状如巨大翼形降落伞的风帆采用超轻合成纤维制成，面积达 160 平方米的风帆被固定在一根 15 米高的桅杆上，可在电脑的控制下在 100 ~ 300 平方米的范围内自由升降，并能随时变换角度捕捉最强劲的风拉动货轮前进。当风速接近 13 千米 / 小时，巨型风筝能够为货轮提供相当于普通船帆 4 倍的动力，此时货轮发动机可低速运转或暂时休息，能减少油耗 10% ~ 35%，在风力最理想的情况下能减少油耗 50%。未来风帆面积将加大到 320 ~ 600 平方米，节能减排效果会更加显著。按目前平均水平估算，每节约 20% 的燃料相当于减少 1600 美元的成本，在节能的同时也意味着减排了同比例的二氧化碳。

目前，全球海运对二氧化碳贡献率每年为 8 亿吨，预计在 5 年内将增至 10 亿吨以上。由于 90% 船只的柴油发动机使用的是价格便宜的高污染燃料，使得海运成为仅次于工业、公路交通的第三大有毒有害物质排放源。

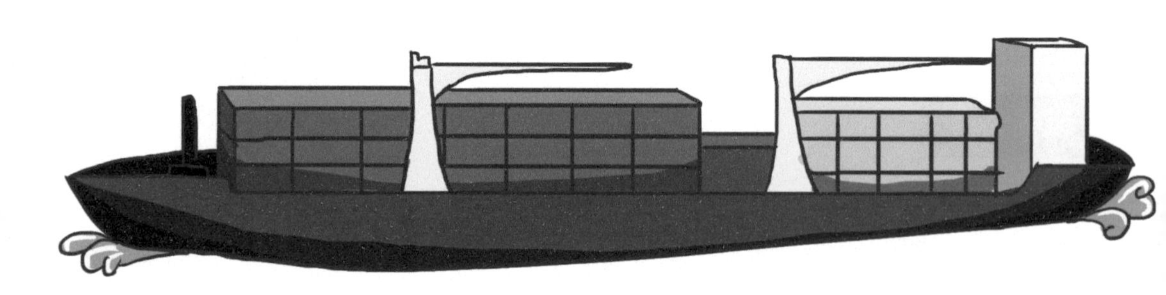

电动飞机

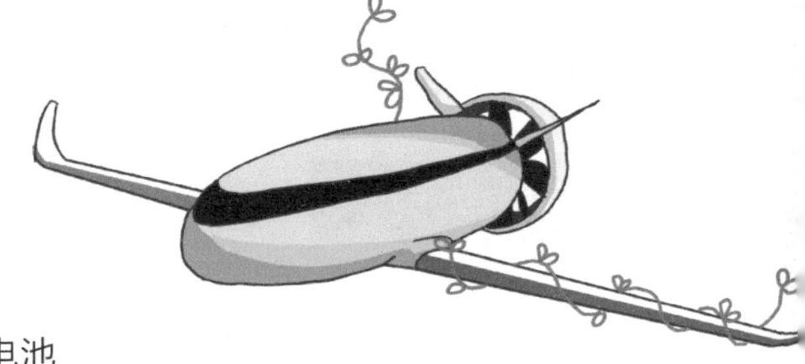

美国试飞成功的这种飞机采用燃料电池为动力。飞行前在燃料电池中注入低温液态氢，在飞行过程中从空气中提取氧，通过氢与氧在燃料电池里混合“燃烧”，产生推动螺旋桨转动所需要的电力。起飞时虽然还需要其他电源提供一些辅助动力，但到空中飞行阶段，则完全依靠氢燃料电池输送的电力维系。此机的翼展超过 15 米，8 个螺旋桨沿着机翼边缘排成一线，看起来更像一架滑翔机。

这种电动飞机试飞成功在世界航空史上尚属首例，在燃料电池技术方面所取得的突破将有助于推动航空业发展绿色飞机。

太阳能飞机

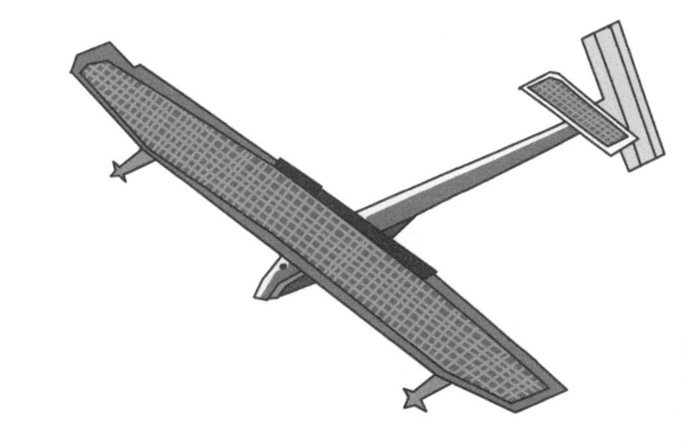

美国研制的这种飞机装有 14 个螺旋桨，完全依靠机翼上的太阳能电池板提供飞行动力。此机 2.4 米长的机体使用碳纤维材料制造，可活动的机翼全部展开长达 75 米，看上去更形似一个大大的风筝。在试飞时这种飞机曾上升到 2.28 万米高空，但目前它还需要由地面操作员用电脑遥控飞行。

碳纤维飞机

美国研制的这种飞机在做远距离飞行时，可比同类机型节约燃料 20%。此机的大部分机身、机翼采用碳纤维复合材料制造，这种新材料可像布料一样被剪切，更重要的是能使飞机质量更轻、更耐腐蚀。为了体现环保和舒适性，这种飞机采用了新型空气过滤系统，可减少在远程航班上经常出现的异味。

最令人骄傲的是这种飞机的方向舵、翼身整流罩、垂直尾翼前缘都是由我国制造的。

6. 杜绝过度奢侈包装

曾几何时只是 100 多克的燕窝却缠裹着丝绸，躺在镶有 24K 镀金双龙戏珠的精致盒子里；在精美的真皮包装盒内，躺着的仅仅是几块小月饼；有的包装里三层外三层如同俄罗斯套娃，大大超出了被包装商品的本身价值，凡此种种不胜枚举。过度包装增加了资源成本和废弃后的处理成本，造成的直接后果是资源浪费。

在商品包装领域，简单包装即可满足需要的就不要进行过度包装。铝质等金属包装物在冶炼、加工和处理过程中会耗费大量的能源。减少 1 千克过度包装纸，可节能折合标准煤约 1.3 千克，减排二氧化碳 3.5 千克。按我国年减少过度包装用纸 10% 估算，可节约纸 90 万吨，节能折合标准煤 120 万吨，减排二氧化碳 312 万吨。建议买卖双方在销售与选购液体商品时，优先选择采用散装或软包装的商品，抵制过度包装的商品。

我国目前城市每年产生垃圾约 1.5 亿吨，其中包装废弃物占 30% ~ 50%。包装 12 亿件衬衫所用包装盒的用纸达 24 万吨，相当于砍掉 168 万棵碗口粗的树。每生产 1000 万个纸月饼盒，相当于砍伐直径在 10 厘米以上的树木 400 ~ 600 棵。

利用废纸再生新纸在国际上被称为“第四种森林”。用废纸制造 1 吨再生新纸，可少砍伐高 10 米、直径 0.2 米的马尾松 10 棵，节电 300 千瓦时、节水 240 吨。美国的废纸回收率为 48%，回收量超过 4000 万吨，其中，有 20% 以上用于出口。对全球所有废纸张的 1/2 加以回收利用，即可满足新纸需求量的 70%，相当于 800 万公顷森林免遭砍伐。按我国年回收废纸总量的 10% 估算，可每年少砍伐林木 840 万棵。

废纸再生新纸在国际上被称为“第四种森林”，我们要把废纸好好地回收起来。
老师说得太对了。
她说废纸回收听起来很环保呢！

第四章 农业篇

1. 营造薪炭林

用老百姓的话说，所谓薪炭林就是用来烧水做饭的柴火林，或烧炭卖钱的材料林。在全球以柴火为燃料的人口中，我国农民占 50% 左右。

在我国农村普遍存在着烧柴短缺问题。长期以来薪柴需求量越来越大，原始森林遭到毁灭性砍伐，许多农牧区的林木已荡然无存，干旱荒漠地带的天然耐旱、耐寒植物也以惊人的速度消失甚至灭绝，给生物多样性带来了严重影响。植物在干旱、荒漠地区生长缓慢，一棵树径 6 厘米的麻黄树需要生长 50 ~ 60 年，一旦被砍伐则极难恢复。为了满足生活需要人们不得不将秸秆、稻草和蒿草充作薪柴，导致有机质不能还田，造成土壤板结等一系列农业生态环境问题。

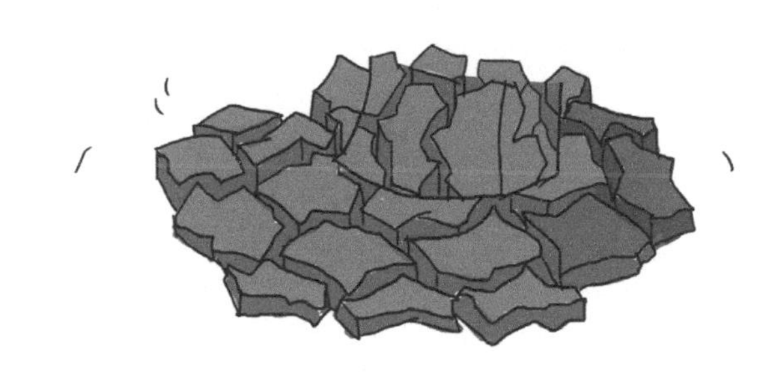

在相当长的时期内，我国广大农村的生活用能有相当大一部分仍要取自土地。因此，合理营造薪炭林不仅能够提供薪柴，还能够防风固沙，防止水土流失，减少污染物排放，有利于改善自然环境和农村生态环境，并可扩大多种经营，提高农业生产力和农民的生活水平。有许多速生型树种适合发展薪炭林，例如东北的杨树、柳树和桦树等树种，西北的沙柳、沙棘、沙枣、沙梭等树种，华北与中原的刺槐、杨树等树种，南方的松、栎、桉、相思树、合欢树等树种，均适合营造薪炭林。在我国农村，人均种植 1 ~ 2 亩薪炭林即可满足全年的烧柴需要。

大力植树造林是解决农村薪柴问题的有效途径，也是改变农村能源状况和保护生态环境的有效途径，可使薪柴需求与环境保护兼得。

2. 沼气开发很重要

在我国农村，农作物秸秆长期被习惯性地用作做饭、取暖的燃料，由于秸秆长期不能还田，会引起土壤肥力下降、板结等一系列问题。据有关资料显示，按农作物秸秆含氮量 0.3% 估算，将秸秆当成柴草全部烧掉，所损失的含氮量相当于我国化肥产量的 1/3。生产 1 吨氮肥需耗能折合标准煤 1.4 吨，我国氮肥利用率每提高 1 个百分点，可减少氮肥生产能耗折合标准煤 250 万吨。

沼气的能量间接来自太阳的光和热。植物通过光合作用，把所吸收的太阳能储存在体内，其生命的终结却是另一种奉献的开始，在微生物的作用下，植物的有机质被发酵分解，可产生具有多种用途的沼气。沼气属于生物能源范畴，是甲烷、二氧化碳和氮气等物质组成的混合气体，具有较高的热值，燃烧的能量可转变为光和热而被利用，可用于做饭、照明或驱动内燃机发电。

在自然界中，人畜粪尿、杂草、树叶、垃圾、污泥、工业和食品业废渣等有机物质来源丰富，都可作为生产沼气的原料。沼气燃烧后的产物为二氧化碳和水，这是矿物燃料所不能比的。我国年产生畜禽粪便、秸秆 32 亿吨，利用这些废物

生产沼气能为农家提供清洁燃料，生成沼气后的废水、废渣可作为农作物、畜禽的优质有机肥料和饲料。秸秆能量的多种功能得到了综合利用，可促进农业生态系统的能量流动和物质循环，使农作物与土壤之间形成一种相互促进、状态比较稳定的封闭式良性循环，有利于维系农业生态平衡。

建设一口 8 ~ 10 立方米的沼气池，每年可减排二氧化碳 1.5 吨。按 1700 多万口沼气池估算，每年可产沼气约 65 亿立方米，减排二氧化碳 2165 万吨。按我国乡村有 1/10 农户使用沼气估算，每年可节能折合标准煤 3700 多万吨，减排二氧化碳 8800 多万吨。

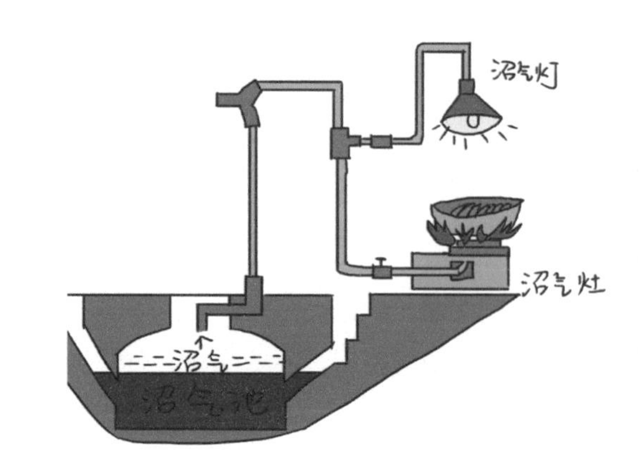

3. 秸秆资源化利用

2008 年，因村民大规模烧荒而造成的烟害熏“瞎”阿根廷，许多被浓烟笼罩的地方交通陷于停顿，人们整天关着窗户足不出户，城市仿佛瘫痪了一样。烟害还波及巴西、巴拉圭和乌拉圭，形成了跨国污染事件。我国也曾出现过类似的情况，大量烟雾笼罩机场致使多个航班不能正常起降。

秸秆、茅草是一种重要生物质资源，综合利用的前景十分广阔，我国的秸秆、草编器皿等日用品在全球广受欢迎。如今一种有淡淡草木色和纹路的一次性碗，已经摆上了一些大饭店的餐桌，这种碗的主要制作原料就是秸秆，碗里的防水贴膜也是用一种可食用米纸制成的。这种餐具不需要加工就能回收再利用，废弃后入水可作为鱼饲料，入土可作为有机肥料，在自然环境条件下很快会被降解，用它替代非可降解塑料餐具能节约不可再生资源。此外，用秸秆制作餐具投入小，可再生资源利用率高，发展潜力十分巨大。据相关资料显示，我国每年可产生秸秆达 6 亿 ~ 7 亿吨，10 年后一次性餐具和水具的预测需求量为每年 1000 亿只，即使 50% 的一次性餐具和水具以秸秆为原料来制造，也只能消耗掉秸秆年产生量的 2%。

秸秆综合利用是开发可再生能源的有效途径。在我国东北等粮食主产区，完全有条件推广秸秆的裂解气化、生物气化和固化利用，可制造块状、棒状和颗粒状的生物质固体燃料，应用于生活、生产和商业发电等领域。如把每年就地烧荒烧掉的 2 亿吨秸秆转换成生物质燃料，至少可替代煤炭 1 亿吨，相当于 3 个平顶山煤矿一年的产煤量。秸秆等生物质资源如有 50% 得到综合利用，年产值得用万亿元来计算，资源化利用秸秆等生物质是继农产品初级加工向深加工拓展之后，为农业增效、农民增收开辟了新领域。

一旦经济条件允许，不论哪类地区都不应该直接燃烧秸秆，秸秆还田和经济开发、综合利用才是最好的选择，对人类与环境都有利。

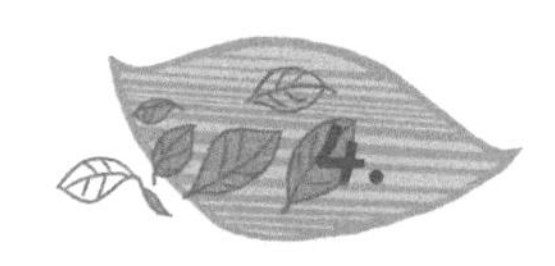

4. 节水灌溉小窍门

节水灌溉法之洼灌

洼灌是将田块用低矮土埂分割成许多矩形条状地块，灌溉水以薄水层水流的形式输入田间，并以重力作用为主，兼有毛细管作用湿润土壤的灌水方法。与大水漫灌相比，洼灌节水效果明显。

节水灌溉法之小白龙灌溉

“小白龙”灌溉是运用薄膜软管作为输水管道的灌溉技术。该方法生产投入低，还可避免因用水过量给作物造成的危害。

节水灌溉法之膜上灌溉法

膜上灌溉法发利用地膜在田间灌水，水在地膜上流动的过程中通过放苗孔或膜缝慢慢地渗透到作物根部，进行局部浸润灌溉。膜上灌溉法具有操作方便、不需增设专门设施、灌水效率高等特点。

节水灌溉法之喷灌

喷灌是将灌溉用水由水泵加压或自然落差形成压力，用管道送到田间，再经喷头喷射到空中，形成细小水滴，均匀地洒落在农田中，达到灌溉的目的。喷灌具有省水省工、提高土壤利用率等特点。

节水灌溉法之滴灌

滴灌是通过干管、支管和毛管上的滴头，在低压下向土壤经常缓慢地滴水，从而直接向土壤供应已过滤的水分、肥料或其他化学剂等的一种灌溉系统。滴灌具有省水省工、增产增收等优点。

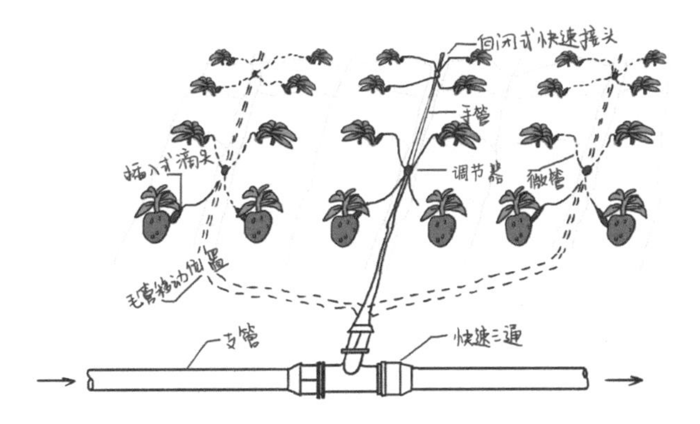

节水灌溉法之渗灌

渗灌是一种地下微灌形式，在低压条件下，通过埋于作物根系活动层的灌水器（微孔渗灌管），根据作物的生长需水量定时定量地向土壤中渗水供给作物。渗灌蒸发量很少，输水基本无损失，水的利用率极高。

节水灌溉法之微喷灌

微喷灌是通过管道系统利用微喷头将低压水或化学药剂以微流量低压喷洒在枝叶上或地面上的一种灌溉形式。微喷灌湿润面积比滴灌大，这样有利于消除含水饱和区，使水分能被土壤随时吸收，改善根区通气条件。

节水灌溉法之水稻薄露灌溉

薄露灌溉中的“薄”是指灌溉水层尽量薄，除水稻返青期遇低温或高温灌深水外，每次灌水深 2 厘米左右，土壤水分饱和即可；“露”是指每次灌水（包括降雨）后，都要自然落水露田，淹灌连续超过 5 天，就应排水落干。简单地说薄露灌溉就是“薄灌水，常露田”。

5. 利用污水灌溉需谨慎

我国依据地面水水域使用目的和保护目标，将具有适用功能的地面水水域的水域功能分为Ⅰ～Ⅴ类。地面水水域包括我国领域内的江、河、湖泊和水库等水体。

Ⅰ类主要适用于源头水、国家自然保护区；

Ⅱ类主要适用于集中式生活饮用水水源地一级保护区、珍稀水生生物栖息地、鱼虾类产卵场、仔稚幼鱼的索饵场等；

Ⅲ类主要适用于集中式生活饮用水水源地二级保护区，鱼虾类越冬场、洄游通道、水产养殖区等渔业水域及游泳区；

Ⅳ类主要适用于一般工业用水区及人体非直接接触的娱乐用水区；

Ⅴ类主要适用于农业用水区及一般景观要求水域。

所谓污水通常指生产、生活过程排放的废水。利用污水灌溉可提高水资源利用率，缓解水资源需求紧缺的紧张状况。据相关资料显示，我国县级以上城市污水年排放量已经超过400亿立方米，如计入县级以下城镇和乡村排放的污水，全国污水年排放量超过600亿立方米，与黄河的年径流量相当。如利用经过处理的工业、生活污水灌溉农田，可节约大量的淡水资源，但利用污水灌溉是有条件的，经过处理达到目标用途水质标准的方能用于灌溉，否则会带来一系列严重的后果。许多城市的郊区曾经长期使用污水进行灌溉，结果导致土地失去了生态功能，也给人类健康造成了严重伤害。最终那些被污水灌溉过的土地，只能被迫改作工业园区用地或建筑用地，教训是极其惨痛的。

污水特别是工业污水必须经净化处理，消除所含铅、镉等重金属，以及难以降解的有毒害化学物质等污染物，达到灌溉用水水质标准的用于农业灌溉或景观用水才是安全环保的。一定不要使用超Ⅴ类水进行农业灌溉，特别是在地层裂隙和熔岩地区、淹涝区和靠近水源地防护带的区域，更不能使用这种污水进行灌溉。居民点、学校等生活设施，要与排污水道、水渠保持一定距离。

土地是农民朋友的命根子，利用污水灌溉一定要慎之又慎。

6. 垃圾堆肥

一位在美国生活多年的中国人为了培育自家周围的花圃和草坪，在家中沤了一坑农家肥，而周围的美国邻居不但一点也不反感，还经常跑来要那臭烘烘的东西给自家的花草浇灌，还连声说“非常好、非常好，非常感谢”。看来农家肥的好处地球人都知道啊！

垃圾堆肥是通过微生物降解有机生活垃圾所获得的一种绿色肥料。垃圾堆肥也称为腐殖土，其腐殖质含量高、质地疏松、用于农田可增加土壤的肥力和养分，还具有提高植物防病能力的作用。这种堆肥中有机质与土壤结合可使黏质土壤变得疏松，使土壤板结状况得到缓解；可使砂质土壤结成团粒、明显改善土壤品质，有助于增强土壤通风、保水和培肥的功能，促进植物生长特别是根系的生长。施用这种堆肥有较好的增产作用，对水稻、马铃薯、萝卜的增产效果较为明显，尤其是用于中低肥力的菜地或新菜地增产效果更好，可提高蔬菜的品质，增加钙、钾含量，降低硝酸盐、亚硝酸盐含量。

就地取材是农村节能环保的最大优势。建温室大棚、盖房子可使用草砖、节能砖，住宅取暖可采用被动式太阳能房，烧火做饭可用节能灶和燃柴草锅炉。如把这几种办法结合起来使用，节能环保效果将会更加突出。

草砖

这种建筑用砖的主要成分为稻草或麦草，用金属网捆扎经过挤压而成，长度为 90 ~ 100 厘米、宽度为 36 ~ 40 厘米、厚度为 45 ~ 50 厘米。该砖具有选材容易、造价低、隔热、保温、隔声、质量轻和无污染等良好性能。草砖房每平方米造价在 320 元左右，与红砖房相比每平方米可节省 50 ~ 60 元，每幢房可节约开支 3000 元左右。

节能砖

利用废物制成的一种墙体材料——空心砖，具有良好的保温、隔热性能。一条节能砖生产线可年消耗煤矸石或粉煤灰、煤渣等固体废渣 30 余万吨，降低煤耗近 10 万吨，节约制砖用地 15 亩左右，而且不会产生新的废物。按我国乡村每年有 10% 的新建房屋改用节能砖估算，平均一座住宅可节能折合标准煤约 5.7 吨，减排二氧化碳 14.8 吨。

被动式太阳房

通常把利用太阳能采暖或降温的建筑物称为太阳房，分为主动式和被动式两大类。所谓被动式就是太阳能向室内传递，不借助任何机械动力、专门蓄热器、热交换器、水泵或风机等设备，完全由辐射、传导和对流等自然的方式完成。这种房屋具有集热、蓄热和保温等功能，冬季在无辅助热源的情况下可提高室内温度 8℃以上，使室内外温差达到 15℃。采用这种房屋供暖，年可节能折合标准煤 0.8 吨，减排二氧化碳 2.1 吨。

按每年有 10% 的农村新建房屋采取这项措施估算，每年可节能折合标准煤 120 万吨，减排二氧化碳 308.4 万吨。

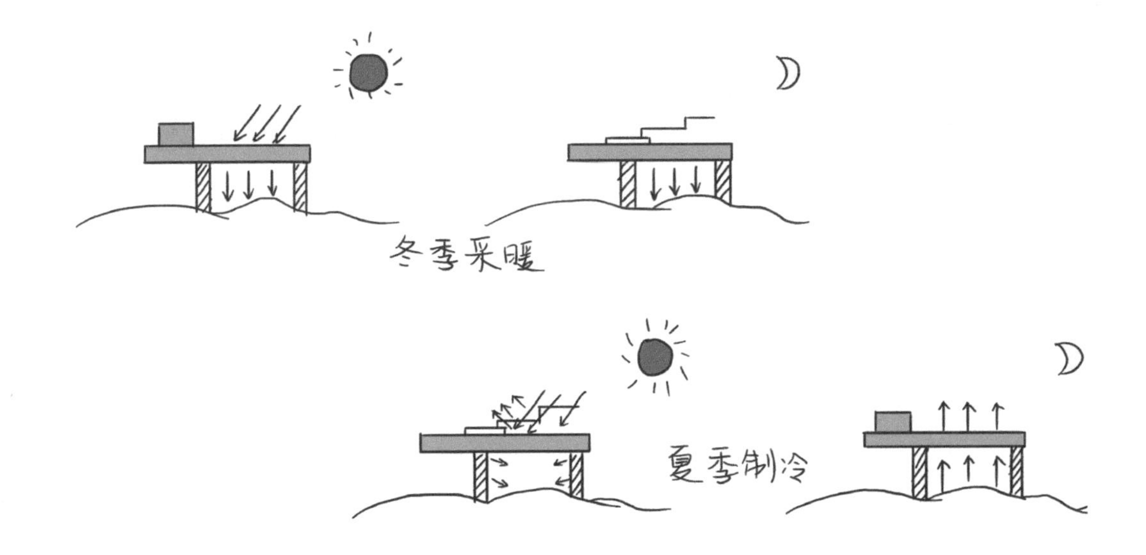

节能灶

燃柴草锅炉是节能灶之一，利用玉米秸秆、玉米芯等生物质原料，在缺氧条件下的密闭锅炉中暗燃，通过发生化学氧化热解产生可燃气体，经过净化装置过滤后通过管路输送到专用炉灶使用，热效率是普通液化气的 1.5 倍以上。传统柴灶的热效率只有 10% 左右，燃柴草锅炉的热效率可达 30% ~ 40%。

我国农村炊用柴灶用能折合标准煤 2 亿吨以上。按我国农村全部推广节柴灶估算，可节能折合标准煤 5000 万吨，减排温室气体 1.3 亿吨，相当于少砍伐森林 1000 万公顷。每个节能灶年平均可节能折合标准煤 400 千克。